新编**实用化工产品**丛书

丛书主编　李志健
丛书主审　李仲谨

工业清洗剂
——配方、工艺及设备

GONGYE QINGXIJI PEIFANG GONGYI JI SHEBEI

李立　成昭　编著

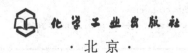

化学工业出版社

·北京·

本书对工业污垢及被清洗材料、工业清洗剂的分类、选择、制备等进行了概要介绍，重点阐述了机械工业用清洗剂、电子工业用清洗剂、印刷机械用清洗剂、食品工业用清洗剂、医疗卫生用清洗剂、纺织工业用清洗剂、交通工具用清洗剂、公共设施用清洗剂的配方、制备方法、性质及用途等内容。

本书适合从事工业清洁剂生产、配方研发、选用及企业管理的人员使用，同时可供精细化工等专业的师生参考。

图书在版编目（CIP）数据

工业清洗剂：配方、工艺及设备/李立，成昭编著．
北京：化学工业出版社，2019.1（2023.5重印）
（新编实用化工产品丛书）
ISBN 978-7-122-33239-4

Ⅰ.①工…　Ⅱ.①李…②成…　Ⅲ.①工业用洗涤剂
Ⅳ.①TQ649.6

中国版本图书馆 CIP 数据核字（2018）第 255411 号

责任编辑：张　艳　刘　军　　　　　　文字编辑：陈　雨
责任校对：王　静　　　　　　　　　　装帧设计：王晓宇

出版发行：化学工业出版社（北京市东城区青年湖南街 13 号　邮政编码 100011）
印　　装：北京建宏印刷有限公司
710mm×1000mm　1/16　印张 13¼　字数 233 千字　　2023 年 5 月北京第 1 版第 5 次印刷

购书咨询：010-64518888　　　　　　　售后服务：010-64518899
网　　址：http://www.cip.com.cn
凡购买本书，如有缺损质量问题，本社销售中心负责调换。

定　　价：58.00 元　　　　　　　　　　　　　　版权所有　违者必究

前言
FOREWORD

"新编实用化工产品丛书"主要按照生产实践用书的模式进行编写。丛书对所涉及的化工产品的门类、理论知识、应用前景进行了概述，同时重点介绍了从生产实践中筛选出的有前景的实用性配方，并较详细地介绍了与其相关的工艺和设备。

该丛书主要面向于相关行业的生产和销售人员，对相关专业的在校学生、教师也具有一定的参考价值。

该丛书由李志健任主编，余丽丽、王前进、杨保宏担任副主编，李仲谨任主审，参编单位有西安医学院、陕西科技大学、陕西省石油化工研究设计院、西北工业大学、西京学院、西安工程大学、西安市蕾铭化工科技有限公司、陕西能源职业技术学院。参编作者均为在相关企业或高校从事多年生产和研究的一线中青年专家学者。

作为丛书分册之一，本书首先介绍了工业清洗中常见污垢与被清洗材料的主要特性，工业清洗剂的分类、选择以及制备方法和相关设备。然后分章介绍了各工业领域清洗剂的特点、要求，并分类列举了配方实例，以满足相关行业的研发、生产、销售人员对工业清洗剂基本知识的需求。通过对基本原理的了解和对配方实例的参考，研发人员可以获得工业清洗剂开发的指导原则和研究思路，有利于更高效地获得研究成果。

本分册各章编写人员分工如下：第1～7章由李立（西安医学院）负责编写；第8～10章由成昭（西安医学院）和李立共同负责编写。全书最后由李立和李仲谨（陕西科技大学）统稿和审阅定稿。

本书在产品配方筛选、审核、编排过程中得到了西安医学院药学院各位老师的帮助，在编写过程中，西安医学院的刘雅静、杨璇琦、乔祯芳、朱小桂等在收集材料和文字校核中做了大量的工作，在此一并表示诚挚的感谢。

由于作者水平所限，书中难免有疏漏和不妥之处，恳请读者提出意见，以便完善。

编著者
2019 年 1 月

目录
CONTENTS

第 1 章
工业污垢与被清洗材料

1.1 工业污垢的分类、来源与性质

工业污垢是指在工业生产活动中，设备、管线、原材料或产品等，在与环境、介质、机械油、生产原料等接触的过程中，由于发生物理、化学、电化学或生物学的作用，在其表面残留、沉积和生成的各种对生产运行、产品质量或人身健康有害的污垢。

区别于生活中的污垢，工业污垢往往是在特定流程下所产生的，其污垢的成分具有独特性，确定污垢的形成原因、化学组成以及物理化学性质是工业清洗剂和清洗工艺选择的重要前提。

由于工业污垢的形成原因和成分很复杂，因此其分类有很多种不同的方法。可以按化学成分分为有机污垢和无机污垢；可以按化学性质分为亲水性污垢和亲脂性污垢；可以按物理状态分为液体污垢、固体颗粒污垢和固体覆盖层污垢，还可以按污垢与被清洗表面的作用力分为机械黏附-重力沉降、静电作用黏附、化学键力黏附、清洗对象表面的化学转化（如氧化物、电镀层）、清洗对象表面的楔入物等。

为了更好地与工业清洗剂相对应，下面按照污垢的具体化学特点分类介绍：油垢、水垢、锈垢、微生物泥垢、胶与聚合物垢、糖垢、尘垢以及其他污垢。

1.1.1 油垢

油垢是由不同组分的油脂、环境中沉积的尘土、盐粒、水分等疏油性杂质以及清洗对象的物体表面质变产物等所组成的，呈黏稠状富油沉淀。

1.1.1.1 油垢的来源

（1）油性原料或产品的残留 例如，油田的采油管、输油管、储油罐、炼油

设备等直接或间接地与石油及其加工产品接触而受到的污染；食品工业设备与应用器具受到动植物脂肪的污染；印刷、印染、彩绘等行业的油墨、油溶性涂料、色料等的污染。

（2）机械加工用品的污染　在金属轧制、加工、储存、运输、保养过程中，在液压传动设备中，用于防锈、润滑、冷却、传动等的含油制品，容易对机器、设备、管道、工具、周围环境以及相关原材料和产品形成油垢污染。

1.1.1.2　油垢的种类和性质

（1）生物油脂（植物油脂和动物油脂）　其主要成分是各种脂肪酸与甘油形成的酯，又称为脂肪油。除脂肪油外，可能还含有少量游离的脂肪酸、甾醇、色素及维生素等。其中的脂肪酸有饱和与不饱和两种，饱和脂肪酸如月桂酸、硬脂酸、软脂酸等；不饱和脂肪酸如亚麻酸、亚油酸、油酸等。

一般把常温时是液态的称为油，如豆油；在常温下是固态或半固态的称为脂，如可可脂。但油和脂之间没有绝对的界限。动植物油脂主要用于制造肥皂、油漆、油墨、乳化剂、润滑剂、脂肪酸和食用。

油脂不溶于水，可溶于有机溶剂，如烃类、醇类、酮类、醚类和酯类等。油脂可以与碱金属的氢氧化物发生皂化反应，生成脂肪酸的碱金属盐和甘油，还可以发生许多其他化学反应，如卤化、氢化、氧化、磺化、硫酸化、异构化、去氧、热解和聚合反应。

（2）矿物油　矿物油包括石油、页岩油、煤焦油等，其主要成分是碳氢化合物的混合物。

石油是由古代海洋或湖泊中的生物经过漫长的演化形成的，一般聚集在有孔隙和裂缝的岩石中，由钻井开采而得。开采所得的石油为原油，其为含烷烃、环烷烃和芳香烃等的复杂混合物，还含有硫、氧、氮的有机化合物。

页岩油是页岩干馏时有机质受热分解生成的一种褐色、有特殊刺激气味的黏稠状液体产物。其主要成分是烷烃、烯烃和酚类，是含有氧和氮等的有机化合物。页岩油也可加工得到汽油、柴油、润滑油和石蜡等产品。

煤焦油是煤干馏而得的褐色至黑色的油状产物。其主要成分是焦油、胶性物、沥青、硫化物、甲酚、苯酚、灰渣、悬浮物等。可溶于有机溶剂，加热可以软化。煤焦油垢是典型的由黏质油与尘粒组合生成的油垢。

石油所含的主要烃类通过蒸馏或分馏，再经过加工可以得到汽油、煤油、柴油、润滑油、石蜡和沥青等石油产品。

汽油、煤油和柴油都属于轻质石油产品。汽油（碳原子数约4~12）为无色至浅黄色、易流动的液体，易燃烧，沸点40~200℃。一般要求汽油具有高辛烷值、低胶质形成趋势、低含硫量和适当的挥发度等品质。汽油主要用作汽油机的燃料，也用于橡胶、涂料、香料和油脂等行业以及清洗业作为溶剂。煤油（碳原子数约 11～17）为高沸点烃类混合物，按照质量依次降低可以分为：动力煤油、溶剂煤油、灯用煤油、燃料煤油、洗涤煤油。柴油（碳原子数约 10～22）可分为重柴油和轻柴油，主要作为柴油机的燃料，也可用于清洗业，如用于溶解采油管积蜡及其他油溶性污垢。

润滑油分为矿物性润滑油、生物性润滑油和合成润滑油，其中以由石油的重质馏分经减压蒸馏所得的矿物性润滑油应用最为广泛（约 95% 以上）。润滑油用在各种类型汽车、机械设备上以减少摩擦。保护机械及加工件的液体或半固体润滑剂，主要起润滑、辅助冷却、防锈、清洁、密封和缓冲等作用。这是设备表面油垢的主要来源之一。

石蜡是从石油中提取出来的一种固体烃的混合物（碳原子数约 17～35），无臭无味，分为白色或淡黄色半透明固体。石蜡用于制备高级脂肪酸和高级醇，以及火柴、蜡烛、蜡纸、软膏、防火剂、电绝缘材料等。有些油垢中常含有石蜡，如采油、输油管中的油垢。

沥青是由不同分子量的有机化合物及其非金属衍生物组成的黑褐色复杂混合物，是高黏度有机液体的一种，不溶于水、乙醚、丙酮和稀乙醇等，可溶于低沸点的烷烃、二硫化碳、四氯化碳、吡啶等。石油沥青是原油蒸馏后的残渣，煤焦沥青是炼焦的副产品。沥青主要用于涂料、塑料、橡胶等工业以及铺筑路面等。

1.1.1.3　油垢的危害

材料表面的油垢不仅影响其外观，也影响其加工性能。比如，钢材表面的油垢，影响其焊接性、导电性以及涂层、镀层的附着性。汽车与火车、轮船与潜艇、飞机与其他飞行器、仪表、机械设备等表面的油污除了影响其美观，还可能影响其使用性能和正常运行。城市建筑物外表面的油污，则影响城市的形象和环境卫生。石油生产中的采油管、输送管线、储罐内的油污和结蜡，则影响其生产、运输和存储的能力，增加生产耗能。

1.1.1.4　油垢一般清洗方法

由于油垢的黏度大，对污垢中的固体颗粒和物体表面的黏附力大，且疏水性强，难以用清水清除。根据不同的情况，一般可采用下列方法清洗。

（1）碱的水溶液清洗法　碱的水溶液可以使生物油脂发生皂化反应，生成水溶性的脂肪酸盐和甘油，并通过乳化、分散和溶解等作用，辅以机械力、热力等物理强化手段，可以有效地清除生物油脂类的油污。

（2）表面活性剂水溶液清洗法　利用表面活性剂可以大大降低表面张力，提高湿润性和浸润性，增强乳化能力，可快速、有效地清除大部分污垢（包括但不限于生物油脂类油垢和矿物油类油垢）。即使是煤焦油，通过选择适当的表面活性剂，辅助以加热等强化手段，也可以清除。积蜡也可通过表面活性剂加适当溶剂的方法进行清洗。

（3）有机溶剂清洗法　有机溶剂清洗剂对于不溶于水的物质（如油脂、蜡、树脂、橡胶、染料等）和多种有机类污垢有良好溶解效果。其特点是在常温常压下呈液态，流动性好，黏度较小，具有较大的挥发性，清洗过后在物质表面残留较少，在溶解过程中，溶质与溶剂的性质均无变化。但有机溶剂的成本高，易燃、易爆、易挥发，应在其他方法无效的情况下再考虑采用。

1.1.2　水垢

1.1.2.1　水垢的来源

工业上把含有较多钙、镁离子的水称为硬水。钙、镁离子容易形成难溶的碳酸盐，进而沉积结垢。而当水中含有硫酸钙、硅酸钙等无机盐，或者在水处理过程中加入磷酸盐时，这些无机盐有可能在受热的设备表面，因为水分散失，局部浓度增加，而沉积成垢。

水垢可分为硬垢和软垢两种。当水中含有胶体、细菌和有机物等杂质时，碳酸盐与这些黏性物质共同作用，在高温煮沸条件下可形成与容器（或管道）表面黏附在一起的硬垢。若将胶体、细菌和有机物等黏性物质去除，即使水中钙、镁离子和碳酸根离子浓度很高，也只会形成洁白而松散的容易去除的碳酸盐软垢。

1.1.2.2　水垢的种类和性质

（1）碳酸盐垢　碳酸盐垢以碳酸钙和碳酸镁为主要成分。碳酸镁在水中容易生成氢氧化镁。在天然水中，钙离子含量大于镁离子，所以碳酸盐垢的主要成分是碳酸钙。碳酸盐垢一般呈白色片状，断面可见晶粒状。它难溶解于冷水，也难溶解于热水，但易溶于强无机酸。

（2）硫酸盐垢　硫酸钙在水中的溶解度较小，且在大于 40℃ 时，其溶解度随温度升高反而降低，属于反常溶解度盐。天然水中的硫酸根离子含量不大，因此在一般的加热条件下，不具备硫酸根析出的条件。当水大量蒸发时，钙离子和硫酸根离子高度浓缩，离子浓度乘积大于其浓度积，则会析出坚硬的硫酸钙垢。

（3）硅酸盐垢　当水中二氧化硅含量比较高，且水的硬度较大时，容易生成硅酸钙或硅酸镁垢。当水的 pH 值较低时，硅酸盐垢更容易生成。硅酸钙垢是灰白色坚硬的固体，其传热系数很小。且硅垢是胶状难溶性化合物，在硅垢生成后，采用一般的酸洗是无法去除的。

（4）磷酸盐垢　天然水中磷酸根含量很低，一般不会生成磷酸盐垢。但在许多水处理过程中，会投入聚磷酸盐作为缓蚀剂或阻垢剂，聚磷酸盐可水解生成磷酸根。在硬水环境中，磷酸根与钙离子结合生成难溶的磷酸钙沉淀。磷酸盐垢质地较为疏松，容易用机械方法人工除去。但若磷酸盐垢随热流强度和金属温度升高而结垢严重，也会变得坚硬难除。

1.1.2.3　水垢的危害

水垢主要在受热面上生成，如锅炉、换热器、循环冷却水系统、采暖系统等。水垢的导热性很差，会显著影响设备的传热效果，从而浪费燃料或电力。如果在热水器或锅炉内壁形成硬垢，还会由于热胀冷缩和受力不均，引起设备爆裂甚至爆炸的危险。水垢在金属表面沉积，易引发垢下腐蚀，加速设备的损坏。在管道中，水垢会使有效管径缩小，甚至堵死，影响生产过程。

1.1.2.4　水垢一般清洗方法

（1）酸的水溶液清洗法　无机酸或有机酸加适当的缓蚀剂所组成的清洗液适用于强碱弱酸盐的清洗，如碳酸盐垢、磷酸盐垢、硅酸盐垢等。对于磷酸盐垢，由于磷酸钙的溶解度很小，应选用盐酸或硝酸清洗。对硅酸盐垢的清洗，应选用氢氟酸溶液，或含氟化钠的盐溶液。

（2）碱的水溶液清洗法　硫酸钙是强酸盐，不能在酸中溶解。因此，采用氢氧化钠的水溶液来清洗硫酸钙垢。对于硫酸钙和碳酸钙的混合垢，可以应用酸和碱交替清洗，能够取得良好的效果。

（3）机械方法清洗　对于不便使用酸碱，或宜于用机械方法清洗的设备表面的水垢，采用机械方法进行清洗。

1.1.3　锈垢

1.1.3.1　锈垢的来源

工程材料（主要是钢铁等金属材料）在环境介质或生产原材料中产生腐蚀性物质或在电化学作用下产生腐蚀产物，进而形成锈垢。

1.1.3.2　锈垢的种类和性质

（1）钢铁的腐蚀产物垢　铁锈是钢铁在环境介质中的化学或电化学作用下，在其表面生成的难溶性产物，以+2 或+3 价铁的氧化物或氢氧化物为主要成分，还可能含有少量铁盐。

三氧化二铁、氧化亚铁和四氧化三铁，均不溶于水，也不溶于醇、醚等非水溶剂，但可溶于盐酸、硝酸和硫酸等。其中四氧化三铁具有磁性。

氢氧化铁为棕色或红褐色粉末，在水中呈絮状沉淀或胶体，烘干时易分解成氧化铁，不溶于水，也不溶于醇、醚等非水溶剂，但可溶于酸。氢氧化铁在酸中的溶解度随制成的时间而异，新生成的氢氧化铁垢易溶于无机酸和有机酸，而陈旧的氢氧化铁则难以溶解。

（2）铝和铝合金的腐蚀产物垢　铝和铝合金在不同环境中的腐蚀产物，主要包括氧化铝和氢氧化铝。氧化铝是一种高硬度化合物，不溶于水，能溶于强酸或强碱。氢氧化铝为白色粉末状固体，几乎不溶于水，但能凝聚水中的悬浮物，能溶于酸或碱。

（3）铜及铜合金的腐蚀产物垢　铜锈的主要成分是铜的氧化物及其无机盐，包括碳酸铜、硫化铜和氧化铜，在潮湿的空气中也可能生成氯化铜。

碳酸铜又称碱式碳酸铜，有毒，是铜表面上生成的绿锈的主要成分，在200℃时可分解为氧化铜；不溶于水，可溶于酸，生成相应的铜盐；也可溶于氰化物、铵盐和碱金属碳酸盐的水溶液，生成铜的配合物。

硫化铜呈黑褐色，极难溶于水，也难溶于硫化钠溶液和浓盐酸。但是，硫化铜具有还原性，容易被浓、稀硝酸和浓硫酸氧化而溶解。

氧化铜呈黑色，略显两性，稍有吸湿性，不溶于水和乙醇，溶于稀酸、氯化铵和氰化钾的水溶液，能在氨溶液中缓慢溶解，能与强碱发生反应。

氯化铜为绿色菱形结晶，在潮湿的大气中可发生潮解，在干燥的空气中容易风化；有毒；可溶于水、丙酮、醇、醚等。

1.1.3.3　锈垢的危害

锈垢会影响设备表面的光滑度，可能会影响设备的正常运转，严重的会造成工业产品质量低劣及生产设备的损坏。对于输水管道，锈垢还可能污染水质和阻塞管道。

1.1.3.4　锈垢的一般清洗方法

（1）物理方法除锈　包括手工除锈，即用手锤、铲、刀、钢丝刷子、粗砂布（纸），对带锈蚀的金属表面进行处理；电动工具除锈，即采用风（电）动刷轮或各式除锈机，对带锈蚀的表面进行处理；喷砂除锈，即以压缩空气为动力，将喷料高速喷射到需要处理的工件表面，使工件的表面获得一定的清洁度。

（2）酸洗除锈　采用无机酸清洗，常采用硝酸、硫酸、盐酸，或它们的混合溶液。酸能与铁锈及金属氧化物发生化学反应，生成可溶性盐类，从而达到除锈的目的。但是，应当根据其合金成分和表面锈垢的组成和状态，正确地选定洗液的组成、比例及清洗工艺条件。

（3）复合除锈剂除锈　由无机酸或有机酸、表面活性剂、促进剂、缓蚀剂等组成的复合除锈剂，可以在快速除锈的同时，对工件的材质不造成腐蚀。

（4）碱洗除铝的腐蚀产物垢　铝及铝的腐蚀产物氧化铝和氢氧化铝都是两性的。因此，铝及其合金的腐蚀产物垢可用酸洗法，也可用碱洗法清除。氢氧化钠水溶液即可迅速溶解铝的表面氧化物垢，但是时间不宜过长，添加适当的缓蚀剂可以减轻对基体的损伤。

1.1.4 微生物泥垢

1.1.4.1 微生物泥垢的来源

微生物泥垢是微生物在繁殖过程中分泌的黏液把环境中的无机盐、砂尘土、腐蚀产物、淤泥、油污等黏结在一起而形成的黏泥状沉积物。温度适宜的水环境可能由于适宜微生物的生长和繁殖，易产生微生物泥垢。例如，在敞开式循环水系统中的管道、水槽、冷却塔等的表面，常有微生物污泥覆盖。

1.1.4.2 微生物泥垢的种类和性质

常见的微生物主要有下述几种。

（1）细菌 细菌又分为厌氧菌和需氧菌。厌氧菌在其新陈代谢的过程中不需要氧气，可在缺氧条件下大量地滋生，并产生黏质膜覆盖在器壁和管道的内外表面。而在有氧条件下，却不能生存。需氧菌新陈代谢的过程中，需要有氧气才能分解有机物产生能量，一旦隔绝空气就会死亡，例如，铁细菌、硫氧化菌等。

（2）真菌 真菌在这里多指以腐生方式获取营养的单细胞简单微生物。其利用植物纤维为营养源时，会使木质结构腐烂，而造成设备的损坏；也会生成菌丝或菌落，进而产生微生物黏泥堵塞管道。

（3）藻类 藻类是一种含有叶绿素，并可进行光合作用的微生物。当环境满足阳光、空气、水和适宜的温度等基本条件时，很容易滋生藻类。循环冷却水系统常见的有绿藻、蓝藻、硅藻和褐藻等藻类。

1.1.4.3 微生物泥垢的危害

微生物在繁殖过程中分泌的黏液，把环境中的无机盐、砂尘土、腐蚀产物、淤泥、油污等黏结在一起，而形成的黏泥状沉积物，常附着在管壁、塔壁上，不仅影响换热设备的传热效率和冷却效果，还会使水管的内截面变小，使水的流量大大降低。

当金属表面附着微生物泥垢时，会造成局部表面的缺氧，形成氧的浓差电池，从而引起金属的垢下氧浓差腐蚀，即微生物腐蚀。

微生物泥垢还会促进厌氧性细菌的滋生，形成恶性循环，加深微生物泥垢的危害。

1.1.4.4 微生物泥垢的一般清洗方法

（1）化学方法除垢 通过将包括马来酸共聚物、丙烯酸共聚物、过氧化氢、次氯酸钠等的溶液作为清洗剂、剥离剂，可以清除微生物污泥。马来酸共聚物、丙烯酸共聚物可使微生物污泥分散为细小颗粒，防止其再沉积或吸附于器壁。过氧化氢则可分解微生物污泥中的黏稠物，并因为发泡作用而利于污泥的剥离、脱落与分散。

（2）表面活性剂清洗除垢　清洗剂中的表面活性剂，有利于增加对微生物污泥的润湿性，从而改善污泥的清洗剥离效果；在循环清洗系统中添加阳离子表面活性剂，还可具有一定灭菌作用。

（3）科学的管理和控制

① 避免微生物的生存条件　例如，通过避免阳光，可以控制需要光合作用的藻类滋生。再例如，通过避免使用含磷的洗涤剂，可以控制水域黑菌和藻的滋生。

② 减少微生物的来源　例如，通过预先过滤处理补充水，可以有效地避免循环冷却水系统中产生微生物泥垢。

③ 保持设备表面与环境的洁净状态，也是控制微生物滋生的重要措施。

1.1.5　胶与聚合物垢

1.1.5.1　胶与聚合物垢的来源

加工材料或设备表面的涂、镀、搪、衬层，有时需要先清理再进行加工，旧的表面保护层就成为需要清洗的污垢。例如，旧电镀层、漆皮、树脂层等。

1.1.5.2　胶与聚合物垢的种类和性质

常见的胶与聚合物垢主要有下述几种。

（1）橡胶垢　不论是天然还是合成橡胶，大多数橡胶垢耐酸碱，但不耐有机溶剂。使用一种或两种混合溶剂，可以将橡胶垢溶解。

（2）涂料垢　涂料是用于物体表面并能结成坚韧保护膜的物料的总称，或称漆。工业生产相关的涂料多为油性涂料，不溶于水，但可以在松节油、煤油等烃类溶剂中软化和溶解。

（3）塑料垢　塑料的物理和化学性质都比较稳定，但在环境中的热、光、大气、微生物、机械力等的作用下，其硬度、韧性、强度、色泽等性质可发生明显的变化，亦称老化。有机溶剂可使绝大多数塑料溶胀、溶解或变形。

1.1.5.3　胶与聚合物垢的危害

胶与聚合物在高温、光照、大气以及化学物品等的作用下，会发生老化、粉化、破裂、脆化、软化、溶胀等变化，而失去原有的装饰、保护、标示等作用，因此需要清除处理。

1.1.5.4　胶与聚合物垢的一般清洗方法

（1）物理方法清除　物理方法包括手工铲、喷丸、高压喷水等。

（2）火焰清除　用煤气喷灯、氧炔焰等可以直接烧除物体表面的旧漆膜。该方法经济简单，但会使木器表面残留黑疤，也容易使低熔点的金属变形。

（3）碱性清洗剂清洗　碱性清洗剂清洗的成本较低，且对人体和环境的影响小。如果需要加热清洗，还要有一定的设备。

（4）有机溶剂清洗　有机溶剂的清洗效率高，更重要的优点是对金属的腐蚀性小。但有机溶剂成本较高，且易挥发、容易污染环境，需要回收或处理。

1.1.6　糖垢

1.1.6.1　糖垢的来源

在制糖工业中，糖汁浓缩时，溶解度较小的钙盐和焦化糖在壁上析出；糖汁中的金属氧化物或氢氧化物胶状物，也会在糖汁浓缩过程中析出，即糖垢。在食品工业中，糖类、蛋白类和大分子胶类在加工时，因受热硬化附着在器壁或管道壁上亦能成垢。

1.1.6.2　糖垢的种类和性质

糖是多羟基醛、多羟基酮及其缩合物和某些衍生物的总称。按结构的复杂程度可分为单糖、二糖和多糖。单糖是最简单的糖类，易溶于水，具有还原性和甜味。二糖能在酸或酶条件下水解为两分子单糖，如麦芽糖、蔗糖和乳糖等，有甜味，易溶于水。多糖是由单糖组成的聚合糖高分子碳水化合物，如淀粉、纤维素、甲壳素等，大多不溶于水，有些能形成胶体溶液。

1.1.6.3　糖垢的危害

若糖垢沉积于加热管上，会影响加热效率和蒸发强度，增加生产成本，影响设备使用寿命；糖垢还会影响食品及其包装的洁净和美观，需及时除去食品加工设备中的糖垢，以保证产品的品质。

1.1.6.4　糖垢的一般清洗方法

（1）物理方法清除　通过使糖垢层快速冷却，或快速受热，或两者结合，可以致使垢层龟裂，然后可通过刷铲或水力喷射等物理方法清除。

（2）化学方法清洗　化学方法包括酸性或碱性清洗剂煮垢清洗，或酸碱交替煮垢清洗。

（3）采用防垢阻垢措施　常见的措施包括：采用阳离子交换树脂除去糖汁中的成垢离子（Ca^{2+}、PO_4^{3-}、SO_3^{2-} 等）；添加成垢离子的螯合剂；添加防垢剂，或使用晶种，促使糖汁在浓缩过程中析出于晶种周围，而不在加热管上析出；采用电磁防垢技术；在加热管上涂防垢涂料等。

1.1.7 尘垢

1.1.7.1 来源

暴露在大气中的物体表面，由于尘埃不断降落，并附着于其表面上而形成一层尘垢。尘垢随着时间的延长而不断增厚。

1.1.7.2 种类和性质

尘垢的成分复杂，最主要的成分为酸根和金属离子组成的无机物；其中可含有酸性物质，如硫酸烟雾、光化学烟雾等；可含有碱性物质，如金属氧化物等；其中常含有黏土等物质，能吸收空气中的水分，并分解出胶黏状的氢氧化铝。

大气中的灰尘粒径很小，表面积巨大，因此具有很强的吸附能力，可能将大气中的有害物质吸附在它们表面，进而混在尘垢当中。

1.1.7.3 危害

尘垢不但影响美观，且对电器的危害很大。尘垢可能会影响电器中各板卡之间的接触，还可能造成电路板的腐蚀，过多的尘垢还会影响风扇的效能，影响散热而造成电器的损害。

1.1.7.4 一般清洗方法

(1) 物理方法清除　采用手工擦、掸及吸尘器清除等方法，比较简单，但是不容易清洗彻底。

(2) 表面活性剂清洗　利用表面活性剂的渗透作用，降低尘粒的表面能，减少尘垢和物体表面的结合力，以清洗尘垢。

(3) 溶剂清洗　针对尘垢中某些成分的可溶解性，通过水和其他非水溶剂的溶解作用，同时辅以刷、喷、冲等机械作用，以清除尘垢。

1.1.8 其他污垢

在发动机中或电火花加工的过程中，高温可使油品中的蜡质和胶质等形成胶炭物，即积炭，黏附器壁或加工表面，影响发动机性能和电火花加工的精度。

积炭，一般在有燃烧过程和高温运行的设备、管道的表面生成。

积炭的生成影响表面的外观，改变零部件的尺寸，妨害设备的正常运行，甚至会引起严重的事故。

积炭的一般清洗方法：有机溶剂清洗，虽然炭黑不溶于有机溶剂，但是黏附炭黑的燃料分解产物一般可以溶解于某些溶剂中；强碱性溶液清洗，可添加适当的金属离子配合剂；表面活性剂溶液清洗；表面活性剂水溶液和有机溶剂混合清洗液的清洗；用含低硬度磨料的水喷射清洗等。

1.2 被清洗的材料

在工业清洗的过程中，不但要求能有效地清除各种类型的污垢，还要求最大限度地减少对相关材料和设备的伤害。因此就需要对有关的材料及其性能进行必要的了解。

1.2.1 常见金属材料

（1）碳钢和普通铸铁　碳钢和普通铸铁是应用最广泛的金属材料，由铁和碳所组成。碳的质量分数大于2%时称为铸铁；碳的质量分数为0.02%～2%时称为钢。碳钢和普通铸铁的耐蚀性不良，在大气、土壤、海水和中性水溶液中，可发生氧去极化腐蚀。

碳钢和普通铸铁在潮湿大气中被腐蚀时，首先形成以三氧化二铁为主要成分的铁锈，当锈层达到一定的厚度时，影响了氧的扩散，但已生成的三氧化二铁仍可作为氧化剂，氧化生成以四氧化三铁为主要成分的铁锈。

碳钢遇到含有溶解氧的水时，和普通铸铁一样易于被腐蚀。当水中既含有溶解氧，又含有少量活性离子（如氯离子）时，钢铁会发生严重腐蚀，甚至局部穿孔。

碳钢和普通铸铁在常温的碱性溶液中耐腐蚀。氢氧化钠的浓度小于30%时，碳钢和普通铸铁的表面会因为生成不溶性的氢氧化亚铁和氢氧化铁而钝化，防止进一步的腐蚀。

碳钢和普通铸铁在非氧化性酸中易发生氢去极化腐蚀。当酸浓度越大时，腐蚀越快。而碳钢和普通铸铁在氧化性酸中（如浓硫酸、硝酸等），因表面发生钝化而具有耐腐蚀性。例如，在80%以上的氢氟酸中，碳钢与铸铁都耐腐蚀。

（2）耐蚀铸铁　在铸铁中加入某些合金元素，可得到对特定介质有较高耐蚀性的耐蚀合金铸铁，简称耐蚀铸铁。例如，高硅铸铁、高镍铸铁、高铬铸铁等。

高硅铸铁：含14%～18%硅的铸铁为高硅铸铁。因其表面有二氧化硅保护层，故常温下对盐酸、磷酸、浓硝酸、有机酸和热硫酸等都有良好的耐蚀性。

高镍铸铁：含14%～36%镍，以及铬、钼、铜的铸铁为高镍铸铁。其具有优良的耐碱性能，即使在高温的浓碱或熔融碱环境中也依然耐腐蚀。其在海洋性大气、海水及中性盐溶液中也非常耐腐蚀。海洋设备常用到高镍铸铁。

高铬铸铁：含15%～30%铬的铸铁为高铬铸铁。其具有优良的抗氧化性和耐磨性。在有摩擦与冲刷作用的氧化性介质中常需使用高铬铸铁，例如，生产弱腐蚀性泥浆时，使用的泵、搅拌桨和管道等。

（3）不锈钢　不锈钢是具有抵抗大气、酸、碱、盐的腐蚀作用的合金钢的总称。其中又把能耐酸及其他强腐蚀性介质的合金钢称为不锈耐酸钢。一般而言，不锈钢中铬或镍的含量较高，最低含铬量为 12%～13%；而不锈耐酸钢的含铬量一般不低于 17%。

(4) 铜和铜合金　铜的标准电极电势较高，属于半贵金属，具有较高的热力学稳定性。当酸或碱溶液中不存在氧化剂，且酸根不具有氧化性时，铜的耐蚀性良好。当酸或碱溶液中含有氧化剂，或酸根具有氧化性时，铜才会容易被腐蚀。

在海水、淡水或中性的盐类水溶液中，铜的表面会因为生成氧化亚铜、氧化铜和氢氧化铜等，而形成难溶氧化膜，使铜处于钝态而耐腐蚀。若溶液中含有溶解氧，则有利于难溶氧化膜的生成，反而降低其腐蚀速度。但若溶液中含有氧化性盐，如三价铁离子或铬酸盐等，则会加速铜的腐蚀。

(5) 铝和铝合金　纯铝是银白色轻金属，有金属光泽和良好的延展性以及导电性。铝在水溶液中的电极电势较低，表现为活泼金属。铝在空气或含氧的溶液中，容易被氧化，并在其表面覆盖一层致密的氧化膜，从而显示出很高的稳定性。所以铝在中性或近中性的水和大气中，是十分耐腐蚀的，属于自钝化金属，广泛应用于制造日用器皿。因其相对密度小，所制造的轻合金常用于制造飞机和其他运输机械。

铝对非氧化性酸（如盐酸、稀硫酸等）不耐腐蚀，但对氧化性酸（如 10% 以下的硝酸等）以及许多有机酸（特别是无水乙酸）则耐腐蚀。铝对碱或碱性盐溶液同样不耐腐蚀，但对氨水和硅酸钠（水玻璃）则耐腐蚀。

1.2.2　常见有机非金属材料

有机非金属材料的耐蚀性良好，因此在许多场合，非金属材料能起到金属材料，包括贵金属材料起不到的作用。例如聚四氟乙烯可以安全地应用于高温、高腐蚀性的介质中，甚至耐王水的腐蚀。

(1) 塑料　塑料是以合成树脂为主要原料，加入必要的添加剂，在一定的温度和压力条件下，塑制而成的具有一定塑性的材料。

塑料在水、酸、碱、盐、汽油等化学介质中，大多比较稳定，不起化学变化。但大多数塑料的耐热性差，一般只可在 100℃ 以下使用，高于这些温度，塑料即软化、变形，甚至丧失使用性能。

塑料制品在使用中难以避免地会发生老化现象，即在大气中氧气、臭氧、光、热等以及各类机械力的作用下，塑料会发生变色、变形、脆化、粉化等性能的不可逆改变。一旦塑料老化，性质不再满足生产需要，则需要去除和替换。

① 聚氯乙烯（PVC），是目前应用最广的塑料品种。含增塑剂质量分数小于 5% 的硬聚氯乙烯，吸水率很低，透气率很低，原则上 -50～80℃ 内可保持其使用性能，但若长时间在 50℃ 以上使用，应采取必要的保护措施。

聚氯乙烯分子内不含有活性基团，因此有较高的化学稳定性。硬聚氯乙烯在50℃以下，除了强氧化剂（如发烟硫酸）以外，能耐大多数酸、碱、盐的腐蚀。

② 聚乙烯（PE），属于非极性高分子化合物，分子间作用力较小，因此其抗拉强度只有硬聚氯乙烯的 20%～65%。但它的抗冲击性能和韧性比聚氯乙烯强，在无载荷且较短时间内，高密度聚乙烯可耐 100℃；在高温和载荷作用下，长期使用可发生形变。PE 耐寒性较好，最低使用温度为 -70℃。

PE 耐蚀性优良，对非氧化性酸（盐酸、氢氟酸等）、稀硫酸、稀硝酸、碱和盐溶液具有良好的耐腐蚀性。烃类溶剂在常温下能使 PE 溶胀，但 PE 可以耐受 60℃ 以下的其他大多数溶剂。空气中的氧会使聚乙烯缓慢降解、褪色甚至变脆、开裂，热、紫外线、高能辐射会加速这种变化。

③ 聚丙烯（PP），是商品塑料中最轻的一种。其表面光滑，不易结垢，无毒，吸水性小，耐热性较好。PP 在 -10～175℃ 范围内，都有良好的结晶结构和一定的强度。在无外力的情况下，其许可使用的最高温度是 120℃。但是其耐寒性较差，温度低于 0℃，接近 -10℃ 时，会变脆，抗冲击强度明显下降。PP 热膨胀系数很大，是碳钢的 5～10 倍，是 PE 的两倍，在使用中应加以注意。同时，PP 的导热性很低，是良好的绝热保温材料。

PP 的耐化学品性能优良，在 80℃ 以下，能耐许多酸、碱、盐溶液和有机溶剂。但 PP 不能在发烟硫酸、浓硝酸和氯磺酸等强氧化性酸介质中使用。常温下的氯代烃、芳香烃会引起聚丙烯的溶胀，当温度提高到 80℃ 以上，甚至会溶解。

PP 耐环境应力开裂的性能优于 PE，在许多溶剂、清洗剂中不发生应力开裂。但在乙二醇、蓖麻油和某些非离子表面活性剂中却可能引起应力开裂，在清洗中应加以注意。

④ 氯化聚醚（CPE），是一种非极性结晶型的高分子材料，其耐温变性、抗蠕变性、抗冲击性、耐磨性和尺寸稳定性良好。其吸水率一般小于 0.01%，使用温度范围为 -30～120℃。

CPE 抗潮湿，即使在潮湿的情况下，也能保持良好的力学性能。耐腐蚀性仅次于聚四氟乙烯，除了浓硫酸、浓硝酸等强氧化性酸外，耐各种酸、碱、盐和大多数有机溶剂的侵蚀。但是，CPE 不耐氟、氯、溴的腐蚀，会溶解于高温的吡啶、四氢呋喃中。

⑤ 聚苯硫醚（PPS），是一种线型结晶高聚物，有优良的耐高温、耐腐蚀性能。其有较高的机械强度，在 260℃ 以下，仍有良好的刚性和抗拉强度。其线胀系数小，体积稳定性优良，吸水率为 0.008%，模塑收缩率为 0.12%。使用温度范围为 -148～250℃。

PPS 有优良的耐腐蚀性能，除了硝酸、铬酸、氯磺酸等强化氧化性酸以外，对其他酸碱有优良的耐蚀性。因此，可制成耐热、抗腐蚀的涂层。PPS 在 300℃

以下时，不溶于所有的有机溶剂；在较高温度下，能部分溶解于二苯醚、氯化萘、联苯、氯化联苯和某些脂肪族的酰胺类化合物中。

⑥ 聚四氟乙烯（PTFE），是非极性线型结晶态高聚物。在高温或低温下，其力学性能比一般塑料优越。聚四氟乙烯的热性能优良，耐高温和低温的性能优于其他塑料。其可在 $260 \sim 280 ℃$ 下长期连续工作。一般推荐使用的温度为 $-200 \sim 260 ℃$。

聚四氟乙烯有优良的化学稳定性。因为 C—F 键能很高，不易断裂，即使高达 $500 ℃$ 的温度，也不会使它破坏。此外，氟原子的电负性大，包围在 C—C 主链上，对主链起屏蔽作用，使其他活泼原子几乎无法钻进去。聚四氟乙烯可以抗拒强腐蚀性和强氧化性介质的作用。它耐发烟硫酸、浓硝酸、浓盐酸、氢氟酸、沸腾氢氧化钠、过氧化氢、氯气甚至王水的腐蚀。耐醇、醛、酮等有机溶剂的侵蚀。其耐候性极好，能抗氧和紫外线的作用。因此，它具有"塑料王"之称。聚四氟乙烯不耐熔融状态的锂、钠、钾等碱金属，氟及其化合物，全氟烷烃以及全氟氯烷烃等的腐蚀。

（2）涂料　涂料是由成膜物质、颜料、溶剂和助剂组成的，涂覆在物件表面，起到保护作用、装饰作用、标识作用及一些特殊功能的连续固态薄膜。

成膜物质包括油料和树脂。油料的主要成分是甘油三脂肪酸酯，是最早使用的成膜物质。通过不饱和脂肪酸中双键的氧化和聚合反应，涂在物体表面的油料会逐渐干燥成膜。因此油料中含双键越多，结膜越快。树脂是可以溶解在一定溶剂中的高分子化合物，当溶剂挥发后，能在物体表面迅速成膜。它分为天然树脂、人造树脂和合成树脂。

在涂料中的一些添加成分，不但可使涂膜呈一定的颜色，还可以增强涂料的功能。例如重晶石粉等增强涂膜的力学性能以及附着力；炭黑、铝粉、云母、氯化铁等可以增强涂料的耐久性，抵抗阳光尤其是紫外线对涂料的破坏；铝粉、玻璃鳞片等可以提高涂料阻挡水、氧气、化学品等透过的能力。

（3）木材　木材是应用历史悠久的材料，至今仍在广泛应用。其优点是不生锈、无毒、无污染。木材的性能随树种而异。一般而言，针叶类木材的耐侵蚀性能比阔叶类的木材更好。

稀的非氧化性酸、水及中性水溶液、油类等对木材有轻微的腐蚀；浓酸、浓碱和氧化性物质会使木材遭受破坏。但木材对乙酸等有机酸有较好的耐蚀性能。同时，木材还容易受到微生物的侵蚀。木材一般适用于在常温和中温使用，并避免接触高温物体。

1.2.3　常见无机非金属材料

用于工程中的无机非金属材料是以硅酸盐为主要成分的材料，包括陶瓷、水泥、玻璃、搪瓷，以及天然石材等。

（1）陶瓷 陶瓷是黏土、长石和石英等无机物质的混合物，经过成型、干燥、烧制所得制品的总称。其中，陶器的质地较松散，颗粒也较粗，无光泽，强度低，导热性差，不能耐受温度急变；瓷质则具有质地坚硬、细密、光滑、耐高温等特点。

工业上用的陶瓷，按其组成和烧成温度的不同，可分为耐酸陶瓷、耐酸耐温陶瓷和一般工业陶瓷。耐酸陶瓷有很高化学稳定性，除氢氟酸、含氟的其他介质、热浓磷酸和碱液外，能耐受几乎所有其他腐蚀性介质，包括浓热硫酸、硝酸、盐酸、王水、有机溶剂等。

（2）水泥 水泥是粉状的无机胶凝材料，加水搅拌后成浆体，能在空气或者水中硬化，并能把砂、石等材料牢固地胶结在一起。以水泥胶结碎石而制成的混凝土，硬化后不但强度较高，还能抵抗淡水或含盐水的侵蚀。按原料和生产方法的不同，水泥又可分为矿砂硅酸盐水泥、火山灰质硅酸盐水泥、高铝水泥、膨胀水泥、白水泥等。它作为一种重要的胶凝材料，广泛应用于土木建筑、水利、国防等工程。

（3）玻璃 玻璃是熔融体在冷却过程中，黏度逐渐增加，最终具有固体机械性质的非晶态物质。玻璃的化学成分比较复杂，但通常以硅酸盐为主。除了硅酸盐玻璃以外，还有以磷酸盐、硼酸盐、氟化物为主的玻璃，以及含有钛、锆、锑、钒等的氧化物的特种玻璃等。

应用在化学、石油、食品、医药等工业中的大多是硼硅酸盐玻璃、低碱无硼玻璃、石英玻璃和高硅氧玻璃。它们具有优良的耐化学品性能。除了氢氟酸、热磷酸、热浓碱液以外，几乎能耐受其他所有的化学介质。玻璃的表面光滑，不易挂料，对流体的阻力小，因此玻璃设备和管道能保持产品的高纯度，同时玻璃的透明性质有利于观察生产过程。

（4）搪瓷 搪瓷是将无机玻璃质材料通过熔融凝于基体金属上并与金属牢固结合在一起的一种复合材料。它有一般硅酸盐材料的耐蚀性，可以防止金属生锈，且搪瓷制品安全无毒，易于洗涤洁净，可以广泛地用作日常生活中使用的饮食器具和洗涤用具。在特定的条件下，瓷釉涂搪在金属坯体上表现出硬度高、耐高温、耐磨以及绝缘作用等优良性能。

（5）天然石材 天然石材是指从天然岩体中开采出来的，并经加工成块状或板状材料的总称。工业上常用的有花岗岩、文石、石英岩等。其耐蚀性主要取决于二氧化硅的含量、矿物组成和岩石的相对密度等。

花岗岩，含有质量分数 70%～75% 的二氧化硅，13%～15% 的氧化铝，以及 7%～10% 的碱金属和碱土金属的氧化物。花岗岩的结构致密，密度大，空隙少，硬度大，对质量分数小于 98% 的硫酸、小于 65% 的硝酸和小于 35% 的盐酸有良好的耐蚀性，耐碱性也较好，但是不耐氢氟酸和高温磷酸的腐蚀。由于花岗岩中各组分的线胀系数差别较大，热稳定性不高。

文石，主要成分是二氧化硅，耐酸性强，常温时能耐各种浓度的硝酸、硫酸、盐酸、磷酸、溴水等的腐蚀。热稳定性良好。

石英岩，是结晶二氧化硅被非结晶二氧化硅胶结而成的一种变质岩，其二氧化硅含量高达 $90\%\sim99\%$，其他氧化物含量少，几乎无空隙。石英岩是优良的耐酸材料，也有一定的耐碱性，且线胀系数小，热稳定性高。但其硬度较高，不容易加工。

第 2 章
工业清洗剂的分类、选择与制备

工业污垢的清洗方法可以分为物理方法和化学方法。一般地，借助外来能量的作用，如机械摩擦、超声波、高压冲击、紫外线、热蒸汽等，去除物体表面污垢的方法称为物理清洗法。借助化学制剂与污垢的作用，如反应、溶解、乳化、分散、吸附等，清除污垢的方法称为化学清洗法，所涉及的化学制剂则称为化学清洗剂，或者工业清洗剂。

2.1 工业清洗剂的分类

2.1.1 按工业行业分类

在生产制造过程中涉及的清洗均属工业清洗范畴。机械工业、金属加工业、电子工业、电力工业、纺织工业、造纸工业、印刷工业、食品工业、交通运输业、医疗仪器业、仪器仪表业、光学产品业、军事装备业、航空航天业、原子能工业等都大量应用到清洗技术。

相应地，工业清洗剂常按照所应用的行业进行分类，如机械工业用清洗剂、电子电力用清洗剂、印刷工业用清洗剂、食品工业用清洗剂、卫生医疗用清洗剂、纺织工业用清洗剂、交通工业用清洗剂、公共设施用清洗剂等。每一种工业对清洗的要求具有一定的共性，且清洗对象和污垢类型也具有一定的范围和特点，易于比较和理解，本书即采用此分类方式进行分章讨论。

2.1.2 按化学性质分类

另一常见的分类方式，是按照清洗剂成分的化学性质进行分类，可分为非水系工业清洗剂和水系工业清洗剂。

非水系工业清洗剂，即以有机溶剂为主要成分，本身不溶于水，或者使用时不加水的一类工业清洗剂。常见的这类清洗剂包括：烃类（如煤油、柴油、汽油、环保碳氢清洗剂等）；氯代烃类（如三氯乙烯、二氯甲烷以及四氯乙烯等）；氟代烃类（如氟利昂等）；溴代烃类（如正溴丙烷等）；醇类（如乙醇、甲醇等）；醚类（如乙醚等）；酮类（如丙酮、丁酮等）。

水系工业清洗剂，即溶于水，使用时可加水稀释的工业清洗剂。该类清洗剂包括酸、碱溶液，以及以表面活性剂为主，添加各类助剂复配而成的清洗剂。表面活性剂中常见的是阴离子型表面活性剂（如脂肪酸碱金属盐、烷基硫酸酯盐、烷基磺酸盐等）和非离子型表面活性剂（如多元醇酯类、烷基醇酰胺类、烷基酚聚氧乙烯醚类）。助剂的种类包括：增溶剂、增稠剂、金属离子螯合剂、pH调节剂、杀菌剂、抗氧化剂、酶制剂、抗污垢再沉淀剂等。

2.2 工业清洗剂的选择

工业生产的过程中涉及的设备、原料、环境等都各具特色，过程中所产生的污垢类型也各不相同，工业清洗剂的种类亦多种多样，因此选择清洗剂的时候需要一定的指导原则。遵循这些原则，以便选择最有效、最安全、最廉价的清洗剂。

2.2.1 根据被清洗对象的材质选择清洗剂

清洗对象的材质对应有其特殊的性质，以及对清洗剂的相容性，需要据此对清洗剂进行严格的选择。

当清洗金属材质时，需要考虑是否会产生腐蚀或生锈现象。比如，碳钢与不锈钢材质可以耐受一定pH值范围内的碱性清洗剂，带有防锈功能的清洗剂具有更好的效果；铝材质对碱性清洗剂和非氧化性的酸性清洗剂都不耐受，但良好的缓蚀剂可以抑制其腐蚀。

当清洗非金属材料时，若选择有机溶剂进行清洗，也必须考虑设备材质对溶剂的耐受能力。塑料、橡胶、木材、玻璃、陶瓷、皮革等材料在选择清洗剂时，均需要避免能够溶解或破坏材料结构的有机溶剂。

此外，还应当考虑不能因为压力喷射、高温清洗、摩擦抛光等清洗过程，引起设备及管线的变性或损坏。

2.2.2 根据被清洗污垢的类型选择清洗剂

工业污垢是特定流程下产生的，由特定的成分组成。工业污垢的成分是清洗剂选择的重要依据。

高效的工业清洗一定建立在对污垢成分及类型的正确认识上。比如，矿物油和动植物油脂同样都是油垢，但在选择水系清洗剂时却并不相同，矿物油组成的油垢通常用表面活性剂清洗剂，而动植物油脂则可以在碱性洗液中因发生皂化反应而分解去除。再比如，水垢有时也因为特殊组成成分而需要不同的酸作为清洗剂，硅酸盐垢就需要含氟酸进行清洗。

除污垢的组成外，根据污垢的状态、新旧程度、厚度等的不同亦需要对清洗剂配方进行调整。比如，加入硅酸钠或多聚磷酸盐等能形成胶团的物质，可以借助胶团来分散和稳定从设备表面剥离下来的老化油脂。

2.2.3　根据对清洗程度要求及其他特殊要求选择清洗剂

在保证生产对清洗程度的要求下，尽量选择对人体和环境危害最小，原料便宜易得，清洗操作方便，所需设备简单的清洗剂。

对于一般的工业清洗，如锅炉、管道、石化设备等的清洗；汽车、火车、飞机、轮船等表面的清洗；建筑物墙壁、门窗、玻璃等的清洗，目的主要是改善观感，或者去除器壁或管道上影响导热或疏导的附着物，通常使用普通水或酸碱溶液为主的清洗剂即可。

对于精密工业清洗，如金属、塑料件、玻璃在电镀、喷漆、真空镀膜之前的清洗；纺织工业中棉布、羊毛、丝绸、亚麻的精练清洗；造纸工业中脱脂、脱墨清洗等，清洗的程度直接关系产品的质量和性能，通常需要专用的清洗剂和相应的清洗设备。

对于超精密工业清洗，如精密加工时电子元件、光学部位等的清洗，清洗要达到近乎完美的程度，残留物要在显微镜下都难以检出，除了需要使用超高纯度的清洗剂和去离子水外，还必须在超级净化的环境中进行。

对于用于人体的产品，如食品和药品的生产环节中，清洗剂中决不应含有对人体有害的成分，也不能有清洗液的残留污染产品。

2.2.4　根据被清洗对象的形状和清洗作业的环境选择清洗剂

比如，清洗容积狭小的设备或管道时，应选择流动性和黏稠度都适宜的清洗剂；清洗外形规则的大型设备时，应选择不易挂壁残留的清洗剂；在清洗现场无法避免明火的情况下，不能选用产生氢气等易燃易爆气体的酸性清洗剂；在人员较密集的场所，不宜选用会对空气产生污染的有机溶剂等。

2.2.5　根据清洗用设备及清洗工艺选择清洗剂

在工业生产中，清洗作为重要的环节往往需要配置专用的设备，选择清洗剂时还应考虑设备和工艺流程。比如，一般情况下高泡清洗剂的除油脱脂能力更强，但在喷淋清洗时，却需要选择低泡的除油脱脂剂，喷淋压力越高，越要求低泡；而在超声波清洗机中清洗时，对是否产生泡沫没有要求。

2.3 清洗剂的原料

2.3.1 非水溶剂

非水溶剂可以溶解高聚物、油垢等有机污垢。其过程既可能是物质转变成分子状态的溶解过程，也可能是物质溶胀或分散为小颗粒的过程。而溶解能力与溶剂的极性有关，极性小的物质易溶解于极性小的溶剂中，极性大的物质易溶解于极性大的溶剂中。

例如，非极性溶剂苯、甲苯、汽油等，可以用于溶解天然橡胶、聚苯乙烯和硅树脂。中等极性溶剂酯、酮、卤代烃等，可以溶解环氧树脂、不饱和聚酯树脂、氯丁烯橡胶、聚氯乙烯和聚氨基甲酸酯。极性溶剂醇、酚等，可以溶解或溶胀聚醚、聚乙烯醇、聚酰胺、聚乙烯醇缩醛。

当高聚物分子中同时含有极性和非极性基团时，可以采用混合溶剂溶解。例如，二乙酸纤维素中既含有极性的羟基，也含有非极性的乙酸酯基。含有二乙酸纤维素的聚合物垢难以被单一溶剂溶解，但可以被乙醇和苯的混合溶剂溶解和清除。

(1) 烃类溶剂 烃类溶剂在工业清洗中应用极广，主要是利于它对油脂良好的溶解性。烃类溶剂来源于石油的分馏物及其衍生物和植物提取物。

① 石油溶剂油，即石油在分馏时得到的沸点在 200℃ 以下，碳原子数在 4～12 之间的石油醚和汽油，对橡胶、油漆、油墨等有较好的溶解性，在工业上亦称为溶剂油或溶剂汽油。

② 己烷，属于烃类的纯溶剂，由汽油或其他石油馏分精制而成，是典型的非极性溶剂，能溶解各种烃、卤代烃和油脂，常用于精密仪器的脱脂清洗。由于己烷的沸点低（68.7℃）且易燃，在使用时要特别注意防火。

③ 松节油，是植物提取的代表性的烃类溶剂，由松木树脂经水蒸气蒸馏而制得，主成分为 α-蒎烯，溶解范围很广，对油脂、树脂、蜡等都有较好的溶解力。松节油具有较高的沸点和闪点，安全性高，广泛用作涂料用溶剂。

④ 柠檬油，由新鲜柠檬、柑橘的果皮压榨、蒸馏、提炼而得，主要成分是烯烃，物理性质与松节油相似，同时有浓郁的柠檬水果香味。

(2) 卤代烃类溶剂 卤代烃类溶剂的沸点低，易挥发，便于蒸馏回收；不容易燃烧，难溶于水，对油污的溶解能力很强，其脱脂能力是石油溶剂油的 10 倍左右。

① 二氯甲烷，低沸点，易挥发，脱脂能力很强，常用在精密机械零件的清洗中，也用作二氯甲烷涂层和树脂膜的剥离剂。在许多场合中，其可用于代替三氟三氯乙烷使用。在温度较高时，二氯甲烷容易挥发，应适当地降低工作场所的温度。

② 三氟三氯乙烷，又称氟碳清洗剂，难溶于水，不与水形成共沸混合物，对水、化学试剂、润滑油和热很稳定，在常温下可长期保存不变质，对矿物油的溶解性能好。以三氟三氯乙烷为主体的清洗剂，表面张力与黏度较小，渗透力强，蒸发速度又快。用其清洗工件，通常不必再经过擦拭或烘干。这个特点有利于机械化清洗。

三氟三氯乙烷对于塑料、橡胶等材料的溶胀作用较小，可用于清洗高分子材料表面的污垢，而不损伤高分子材料本身。除了硅橡胶、聚苯乙烯和金属锌外，三氟三氯乙烷对大多数金属和橡胶、涂层、导线的绝缘层都没有不良的作用，不发生溶解或溶胀的现象。

由于三氟三氯乙烷不损伤对其他有机溶剂敏感的电子元件，因此常用于卫星及航空设备中的陀螺仪及索尼磁盘驱动器、微型轴承、通信设备、光学仪器的清洗等。

(3) 醇类溶剂　醇是一种含氧原子的化合物，由羟基与烃基连接构成，是一种常见溶剂。其水溶性由烃基链长短和羟基的数量决定。

水溶性一元醇，如甲醇、乙醇、异丙醇等，可以和水以任何比例混溶，和水有很强的亲和力，可把水从湿润的表面置换下来，高浓度的溶液对油脂有较好的溶解能力，对某些表面活性剂也有较强的溶解能力，可用于清除表面活性剂的残留物。水溶性一元醇还具有很强的杀菌能力，常用于消毒。

低水溶性一元醇，如正丁醇、环己醇、苯甲醇等，是分子中含碳原子较多的一元醇。其亲水性降低，而亲油性增加，常用于清洗和溶解油污。其中，丁醇既有一定亲水性，又有一定亲油性，对油污的亲和力大于乙醇。环己醇的亲油性比丁醇更强，可以溶解多种极性的有机物。苯甲醇难溶于水，但对极性有机化合物有优良的溶解性。

二元或多元醇，如丙二醇、乙二醇等，分子中羟基所占的比例越大，其亲水性越强。其中，乙二醇是一种无色黏稠的液体，可以和水以任何比例混合，略带有甜味，是一种优良的溶剂。丙二醇中羟基所占的比例下降，亲水性减弱，亲油性增强，它毒性极小，常用于清除飞机的航空煤油。

(4) 醚类溶剂　醚是由两个烃基和一个氧原子连接组成的化合物。除甲醚和苯甲醚是气体以外，其他醚多数是液体。醚比水轻，与水稍能互溶，但不能和水混溶，化学性质比较稳定，和稀酸、碱及水共热时，不起化学反应。

由乙二醇所衍生出的各类醚都是很好的有机溶剂，具有很好的脱脂性能，在污垢清洗中常常使用，有的对高分子树脂有很强的溶解能力。这些醚除了作为一般的清洗溶剂以外，常作为涂料剥离剂的主要原料。但是，它们的毒性较强，应注意使用。

① 乙二醇单乙醚，俗称溶纤剂，是无色液体，几乎无臭味，常作为涂层、塑料等树脂及纤维素的良好溶剂，喷涂的原料和稀释剂，也用作去漆剂。

② 乙二醇单丁醚，无色液体，常作为药物的萃取剂、树脂及硝酸纤维素的溶剂等。

（5）酮类溶剂　酮是由羰基的两个单键分别与两个烃基连接的化合物。酮大多数是液体，能和氨、亚硫酸氢钠等发生加成反应，但不会被弱氧化剂所氧化。

① 丙酮是无色、易挥发、易燃液体，有微香气味；是可溶于水的亲油性溶剂，是一种溶解范围较广的优良溶剂，能溶解油、脂肪、橡胶、树脂等；其毒性低，被广泛用作清洗溶剂。

② 甲乙酮是无色、易燃的液体；对油溶性有机化合物有较强的溶解能力。不但可作为一般的洗涤剂，还可以作为高分子树脂的溶剂、剥离剂。

（6）酯类溶剂　酯属于中性物质，能水解成对应的酸和醇。碳数少的酯通常为液体，具有香味，可作为溶剂或香料。碳数多的酯是不溶于水的液体或固体。酯类的特点是毒性较小，有芳香气味，不溶于水，可以溶解油脂类，因此可以用作油脂的溶剂。常用于油污清洗的酯类溶剂有乙酸甲酯、乙酸乙酯、乙酸正丙酯等。

（7）非水溶剂在工业清洗中的应用　非水溶剂的主要清洗对象是有机污垢，包括动植物油脂、矿物油和有机聚合物等。

清洗金属材料及其设备表面上的机械工作油、润滑油、防锈油，常用汽油、煤油、松节油等进行溶垢，比碱液法和表面活性剂法更快捷；清洗印刷机械上的油墨，大多采用汽油等烃类溶剂加以去除；羊毛表面的羊毛脂和尘土，在加工前需要通过清洗工序，也需要用非水溶剂。此外，在日常生活中，衣服的干洗剂，也离不开非水溶剂。

涂料的主要成分有三甘油脂肪酸酯与合成树脂两大类。工业生产中有时需要除去旧的涂料，前者一般可以采用碱性清洗剂清除；后者一般则采用非水溶剂清除，具有溶解速度快，对基体金属腐蚀性小，操作比较简单等优点。

橡胶通常不与酸或碱发生作用，但是可以被非水溶剂溶胀或溶解。因此，旧橡胶层一般也用非水溶剂溶解清除。溶解橡胶层的常用溶剂有四氯化碳及某些混合溶剂。

（8）非水溶剂的局限性与对策　非水溶剂具有毒性、可燃性、可爆性等问题，因此在使用有机溶剂时有一定的局限性，应力求做到安全使用。

非水溶剂的毒性，即非水溶剂的蒸气被人体吸入，或制剂被人体接触后，引起人体的局部刺激和麻醉作用，从而使人体器官的某些功能受到损害。为了防止非水溶剂蒸气通过呼吸途径进入人体，在作业过程中所使用的设备最好是密闭式的，并且环境有良好的通风条件，以降低空气中有毒溶剂蒸气的浓度。现场人员应戴防护口罩或面罩。通过口腔进入人体，即误服非水溶剂时，应尽快采取催吐、洗胃及其他必要的措施。

溶剂的可燃性，即非水溶剂都是易燃的。因此在储存和使用非水溶剂时，都应该采取严格的防范措施，并且了解溶剂的闪点、燃点、自燃点等性质。闪点是液体的表面蒸气与空气和火接触，初次发生蓝色火焰的最低温度；燃点是指溶剂的表面蒸气与空气和火焰接触，发生燃烧且持续燃烧不少于 5s 的温度；自燃点是指物质在无火焰接近时自行燃烧的温度，通常是由迟缓的氧化作用所引起的。

溶剂具有可爆性，即溶剂的表面蒸气与空气形成的混合物中，溶剂的浓度达到一定范围时，在一定的温度和压力下，可能发生燃烧或爆炸。这种能发生着火或爆炸的浓度范围称为燃烧范围或爆炸范围。当溶剂的浓度高于或低于这个浓度范围时，都不会发生爆炸。在溶剂生产、储存、运输和使用时，必须注意其爆炸范围，并注意避开火源，场所应良好通风，及时消除静电，配置消防器材等。

2.3.2 表面活性剂

表面活性剂是一类能够降低液体的表面张力，或液-液，液-固相界面张力的化合物。因此，表面活性剂具有增加润湿性、增加乳化和分散性、增溶性、发泡和消泡性、金属腐蚀的抑制性、抗静电性等基本性质，在清洗过程中能够起到重要的作用。表面活性剂按照组成和结构，可以分为离子型表面活性剂和非离子型表面活性剂，前者又可以分为阴离子表面活性剂、阳离子表面活性剂和两性表面活性剂。

按用量和品种，在清洗剂中使用最多的是阴离子表面活性剂，其次是非离子表面活性剂，两性表面活性剂使用较少。阳离子表面活性剂，一般不用于清洗剂，但阳离子表面活性剂的加入，可以使洗涤剂具有杀菌消毒的能力。

选用表面活性剂时，同时还需要考虑特殊的要求。比如当清洗剂用于强碱、强酸、高温、强氧化剂等极端条件时，可以使用仲烷基磺酸盐、烷基二苯醚二磺酸盐及氟硅表面活性剂等化学性质稳定的表面活性剂；当要求清洗剂对人体温和、无刺激，且对环境友好时，可以选用 N-酰基肌氨酸盐、烷基氧化胺、烷基醚羧酸盐等较安全的表面活性剂。

(1) 阴离子表面活性剂　阴离子表面活性剂在水溶液中，可以分解为亲油性阴离子和亲水性金属离子。在分子结构中，亲油基主要是烷基、异烷基、烷基苯等；亲水基主要是钠盐、钾盐、乙醇胺盐等水溶性盐类。阴离子表面活性剂是清洗剂中用量最多的，其中以脂肪酸碱金属盐（肥皂）、烷基硫酸酯盐、烷基磺酸盐等最为常见。它们的优点有：价格便宜，与碱配合使用可以提高洗涤力，随温度增加有更好的溶解性，使用范围广泛等。

① 脂肪酸碱金属盐，一般由油脂与碱在加热条件下皂化制得。油脂中脂肪酸的碳原子数不同和所用碱的不同，可以制成性质差别很大的肥皂。例如，脂肪酸碳链加长，则凝固点增高，硬度加大；脂肪酸钠与脂肪酸钾的水溶液 pH 值约为 10，脂肪酸铵的水溶液 pH 值约为 8，可以根据对清洗剂碱性的要求选择使用。

硬脂酸钠，可溶于热的水和酒精，在冷水和冷酒精中溶解较慢。耐硬水，耐酸性不好，发泡性能差，高温时洗涤力良好，中温、低温时洗涤力弱。它可作为乳化剂使用，具有低刺激和温和的洗涤效果。

月桂酸钾，在冷水也具有良好的溶解性，耐硬水能力强，发泡力大，能产生大量泡沫，在温水中的洗涤力较好。可作乳化剂，是液体皂和香波的主要成分。

② 脂肪醇硫酸酯盐，又可分为脂肪醇硫酸酯盐（AS）、脂肪醇聚氧乙烯醚硫酸酯盐（AES），以及烷基酚聚氧乙烯醚硫酸酯盐（因生物降解性差而较少使用）。这类表面活性剂具有很好的清洗性和发泡性，在硬水中稳定，其水溶液呈中性或微碱性。

月桂醇硫酸钠，为白色粉末，易溶于水，起泡力强，泡沫丰满、洁白、细密，还有优良的乳化性和清洗性，用作洗涤剂原料、印染工业的匀染剂、矿物的浮选剂。

月桂醇聚氧乙烯醚硫酸钠，其亲水性的大小可以通过加成聚氧乙烯的物质的量来调节控制。因此，月桂醇聚氧乙烯醚硫酸钠水溶液比月桂醇硫酸钠更好，即使在低温下仍可保持透明，适合制造透明的水溶液洗涤剂。其去污能力特别强，且本身黏度较高，在配方中还可起到增溶作用。

③ 烷基磺酸盐，是最重要的一类阴离子表面活性剂。它相较于烷基硫酸酯盐化学稳定性更好，表面活性也更强。另外，不同烷基链长度或不同烷基结构组成的磺酸盐，表现出不同的表面活性，分别可以作为乳化剂、润湿剂、渗透剂、发泡剂、消泡剂等。

烷基苯磺酸钠，无臭，易溶于水，耐酸碱，热稳定好，无毒，对皮肤无烧伤性，可与非离子表面活性剂混用，不影响原有性能。其去污能力、乳化能力均较好，对金属盐和氧化物稳定，尤其在冷水和本身浓度很低时，洗涤效果也很好。其缺点是防止污垢再沉积的能力差，适合于毛和织物的洗涤。

α-烯基磺酸钠，随碳原子数的增加性质发生变化。12 个碳原子时具有最佳的溶解度，15～17 个碳原子时具有最佳的去污力，14～16 个碳原子时具有最佳的发泡力。α-烯基磺酸钠和酶有良好的协同作用，与其他阴离子表面活性剂及非离子表面活性剂有良好的复配性能，可降低配方中表面活性剂用量。

油酰基甲基牛磺酸钠，又名 209 洗涤剂，外观为微黄色胶状液体，易溶于热水，具有良好的清洗、润湿、匀染性能，对人体皮肤亲和性好，与阴离子、非离子、两性等表面活性剂配伍性好，主要用于呢绒、丝绸等织物的清洗剂，印染或漂染煮炼处理剂及家用化学品中等。产品低于 10℃ 放置时会发生浑浊，升温后恢复原状，质量不发生变化。

④ 烷基磷酸酯盐，是一种高泡且极为温和的阴离子表面活性剂，具有极佳的湿润效果、乳化作用、抗静电作用和增稠作用。

聚氧乙烯十二烷基醚磷酸酯盐，是一种由非离子表面活性剂衍生而得的阴离子表面活性剂，黏度很高、去油污力很强。由于其黏度高、可以在表面上滞留较长时间，该性质有利于提高清洗效果，优势是可用于垂直硬表面的清洗。

(2) 非离子表面活性剂　非离子表面活性剂在水溶液中不电离。其亲水基一般是含羟基或醚基的含氧基团。因此，其在水溶液中不是离子状态，不易受强电解质的影响，也不易受酸、碱的影响，与其他类型的表面活性剂的相容性好，在水和有机溶剂中皆有较好的溶解性能。根据羟基数量和聚氧乙烯链长度的不同，非离子表面活性剂可以从微溶于水到强亲水性形成多种系列。其溶解、润湿、浸透、乳化、增溶等性质均表现出不同。

非离子表面活性剂的生物降解性能特别好，基本属于无毒物质。在离子型表面活性剂中复配非离子表面活性剂，可以提高洗液中允许的含盐量和允许的水硬度，实现清洗剂的低磷或无磷化。

① 多元醇酯类，是将多元醇的一部分羟基衍生为脂肪酸酯，并以残余的羟基作为亲水基团的一类非离子表面活性剂。所用的脂肪酸为直链饱和或直链不饱和酸。这类表面活性剂主要用作乳化剂。

常用的品种有：单硬脂酸甘油酯、单硬脂酸二甘醇酯、单月桂酸丙二醇酯、单月桂酸缩水山梨醇酯、单油酸缩水山梨醇酯、单硬脂酸缩水山梨醇酯、单油酸缩水山梨醇酯。各种脂肪酸的山梨醇酯商品名为司盘，主要用作乳化剂。

② 烷基磷酸酯盐，是由脂肪酸或脂肪酸甲酯与乙醇胺类直接缩合而成的，脂肪酸通常用椰子油或月桂酸，乙醇胺类包括一乙醇胺、二乙醇胺、三乙醇胺和异丙醇胺等，主要用作发泡剂、稳泡剂、增溶剂、增稠剂和调理剂，常与其他表面活性剂复配以提高去污力和泡沫稳定性。

该类表面活性剂的优点包括：没有浊点，即随温度升高，其水溶液无浑浊现象；可增加黏度；有稳定泡沫作用；去污力和脱脂力优越；能抑制金属锈蚀；有抗静电性和柔软性。同时，其也具有明显的劣势，即对盐类比较敏感，在自来水稀溶液中发生浑浊；对酸十分敏感，若 pH 值降到 8，会引起浑浊并产生凝胶。因此，烷基磷酸酯盐常与阴离子表面活性剂复配以调整所需的 pH 值。

③ 聚氧乙烯型表面活性剂，是非离子表面活性剂中数量最大、用途最广泛

的一大类产品。亲油基包括高级脂肪醇、高级脂肪酸、烷基酚类、烷基酰胺类、多元醇酯类等，而亲水基是不同聚合度的环氧乙烷。其亲水性源于聚氧乙烯醚链上的氧原子和水形成氢键的能力，但当温度上升，水分子运动加剧时，氢键遭到破坏，溶解度下降而呈白色浑浊析出，这一温度叫作浊点。与阴离子表面活性剂相比，这类产品显示为中等的发泡力。这类产品在洗涤棉织物时，在比较宽的浓度范围内有很好的去污力，添加碱性电解质可以大大提高去污力。

烷基酚聚氧乙烯醚，具有性质稳定、耐酸碱和成本低等特征。其生物降解性较差，但是由于它良好的脱脂力与乳化性能，在工业清洗中仍广泛使用。

脂肪醇聚氧乙烯醚，具有良好的润湿、乳化、分散、去污性，是良好的亲水性表面活性剂，耐硬水，去泥土效果好，可作为低温洗涤剂。

（3）两性离子表面活性剂　两性离子表面活性剂的分子是在非极性部分加上一个带正电荷的基团和一个带负电荷的基团所组成的，带正电荷的基团常为含氮基团，带负电荷的基团一般是羧基或磺酸基。两性离子表面活性剂参与清洗剂的配方，但一般不作为主剂。在清洗剂中主要利用它有阴离子表面活性剂的清洗性，同时具有阳离子表面活性剂对织物起柔软作用的性质。

① 甜菜碱衍生物，是一类很有实用价值的两性离子表面活性剂，可在很宽的 pH 值范围内使用，其水溶性好，耐硬水能力强，对皮肤刺激性低。可以与各类表面活性剂配伍，在碱性介质中表现为阴离子表面活性剂性质，在酸性介质中表现为阳离子表面活性剂性质，在中性介质中则呈现为非离子表面活性剂性质。这类表面活性剂还具有良好的杀菌性和洗涤性。

十二烷基甜菜碱，在酸性及碱性条件下均具有优良的稳定性，配伍性良好。对皮肤刺激性低，生物降解性好，具有优良的去污杀菌能力、柔软性、抗静电性、耐硬水性和防锈性，与其他各种类型的表面活性剂复配有极好的增效协同作用。

② 两性咪唑啉衍生物，其特点是刺激性低，在硬水及软水中均有良好的洗涤力，耐电解质，对酸碱稳定，依结构不同分为高泡性和低泡性。其对纤维具有抗静电性和柔软性，可用于配制呢绒、羊毛等精细纺织品的清洗剂；也可有效提高金属对氢氟酸、硫酸、盐酸和氨基磺酸的耐腐蚀能力，常用于配制金属表面清洗剂。

③ 氧化胺，是近期发展起来的新型两性离子表面活性剂，一般直接氧化各种烷基胺制得。在中性和碱性溶液中，氧化胺主要显示非离子表面活性剂性质；在酸性介质中，则表现为弱阳离子表面活性剂性质。它可以在很宽的 pH 值下与其他表面活性剂相溶。氧化胺能产生稠密的奶油状泡沫；在正常用量下对皮肤低刺激或无刺激；配方中含有氧化胺能显著地提高综合清洗能力。几种常用的品种为：二甲基氧化胺、烷基二乙醇基氧化胺、烷酰丙胺二甲基氧化胺、牛磺酸衍生

物、氨基丙酸衍生物等。

2.3.3　助剂和辅助剂

单纯使用表面活性剂可以获得令人满意的清洗效果，如果在清洗剂中添加一些其他物质可以提高清洗能力，获得更好的洗涤效果、更好的经济效益，这种添加物称为助剂。助剂常见的功能包括：螯合高价阳离子，软化清洗硬水；分散固体污垢，或抗凝聚；缓冲溶液的碱性；防止污垢再沉积等。

（1）三聚磷酸钠　三聚磷酸钠曾是工业上最常用的清洗助剂，它具有对污垢的乳化、增溶和分散作用；对重金属离子的螯合作用，以及对酸碱的缓冲作用。但其存在不可避免的环境危害，因为本身含磷，会造成水体富营养化。国家的限磷政策出台后，三聚磷酸钠在洗涤剂助剂方面的应用逐渐减少，逐步被层状硅酸钠、分子筛等产品代替。

（2）代磷助剂　代磷助剂主要有两个方向：一是新型螯合分散剂，如聚天冬氨酸钠；二是易于溶解的螯合剂，如碳酸钠与二硅酸钠复合物、亚氨基双琥珀酸钠等。

聚天冬氨酸钠，可吸附在碳酸钙表面，抑制晶体生长，防止积垢。对磷酸钙、硫酸钙、硫酸钡、氧化铁等的分散、阻垢作用非常强。其在 pH 值为 2～13 范围内稳定，为耐氧漂白剂，在蛋白酶、表面活性剂、漂白剂等组分中相容，且本身具有极好的生物降解性。广泛用于织物清洗剂、漂白清洗剂、家用餐具清洗剂、公共设施清洗剂、金属清洗剂及膜清洗剂等。

碳酸钠与二硅酸钠复合物，强吸湿性白色颗粒，作为复合助剂具独特的快速溶解、消除钙镁离子及提高颗粒污垢分散能力。其具高碱性，并能降低对被清洗材料（如玻璃）的腐蚀。

亚氨基双琥珀酸钠，中等强度螯合剂，化学稳定性好，耐酸、碱和高温，有很好的钙螯合能力，对铁、铜离子也有极好的螯合能力，与皮肤、黏膜相容性好，无毒，生物降解性好。可用于金属清洗剂、膜清洗剂、汽车清洗剂、餐具清洗剂、地毯香波等。

（3）碳酸钠　碳酸钠的碱性较强，用作助剂，能使清洗剂溶液的 pH 值达到 9 以上，又可将水中的钙、镁等金属离子转化为难溶的碳酸盐沉淀而使水软化。但其缺乏螯合和分散的能力，且操作中对人的皮肤和眼睛有刺激性。

（4）硫酸钠　硫酸钠是中性助剂，价格便宜，能够降低油/水之间的界面张力，改善清洗液的增溶作用，从而提高清洗剂的表面活性作用。

（5）硅酸钠　硅酸钠可以与钙、镁等金属离子形成沉淀而软化水；可以防止脱离固体表面的污垢在被清洗表面再附着；可以对玻璃和硬瓷釉等表面有很好的润湿性；可以对钢铁有优异的防锈性能，常用于重垢型清洗剂。

（6）膨润土　膨润土是一种含有络合硅酸盐的天然瓷土，主要成分是铝硅酸盐。膨润土吸附水后，其体积膨胀至干体积的 15 倍，在水中成凝胶溶液后，几乎可以一直保持为悬浮状态。它能通过离子交换软化硬水；同时也能稳定从清洗表面脱离下来的污垢细粒。

（7）抗再沉积剂　在清洗过程中，黏附在被清洗表面的污垢脱落以后，仍可能重新附着到被清洗表面。在清洗剂中加入抗再沉积剂可以防止这种现象的发生。常见的抗再沉积剂有：羧甲基纤维素（CMC）或羧甲基纤维素钠（CMC-Na），聚乙烯基吡咯烷酮（PVP），低分子量的 N-烷基丙烯酰胺与乙烯醇共聚物、聚乙二醇等。

（8）其他　在清洗剂中还可以分别加入一定的杀菌剂、溶剂、酶制剂及皮肤保护剂等助剂，以提高清洗效果和达到特定要求。

2.4　清洗剂的制备与设备

　　液体清洗剂的制备工艺，所涉及的化工单元操作和设备主要是：带搅拌的混合罐、高效乳化或均质设备、物料运输泵和真空泵、计量泵、物料储存罐、加热和冷却设备、过滤设备、包装和灌装设备。把这些设备用管道串联在一起，配以恰当的能源动力，即组成液体洗涤剂的生产工艺流程。按照制备工艺顺序，探讨如下。

2.4.1　原料准备

　　（1）方法　在制备清洗剂前，原料常需要进行一定的前处理。有的原料需要预先熔化；有的需要溶解；有的需要预混；有些原料还需要滤去机械杂质；制备清洗剂的水需进行相应的处理；液体原料需要计量，可采用高位槽罐或者计量泵。

　　（2）相关设备介绍

　　① 高位槽计量罐（图 2-1），又被称为高位缸、高位槽、高位储罐、滴加罐、计量罐等，可用于生产中各类料液的高位储存、滴加、灌装、缓冲等，用于流动性较好的液体物料可减少泵送环节。罐体结构一般为单层、立式，也可根据工艺需求设计附带夹层、保温、搅拌等功能。

高位槽计量罐采用液位计、超声波检测仪或压力测量仪等检测仪器测量物料液面在容器中高度，从而计算出物料的储存量。根据生产工艺和技术要

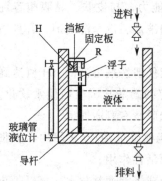

图 2-1　高位槽计量罐示意图
（其中 H 和 R 为自动检测装置）

求，可将检测得到的物料高度信号，传输给控制物料进出口的部件（如泵、阀等），实现自动化控制。

② 计量泵（图 2-2），是一种可以计量所输送液体的机械，也叫定量泵、比例泵，适用于对计量精度要求高的场合。计量泵可分为柱塞式、机械隔膜泵式、液压隔膜泵式等，其中柱塞式计量泵价格较低，计量精度可达±1%，能运送高黏度流体，出口压力变化时流量几乎不变，但不耐腐蚀，腐蚀性液体可用隔膜泵式计量泵进行输送。计量泵用于输送液体，精度高且配套性强，非常适应工业的自动化操作和远距离自动控制的发展趋势。

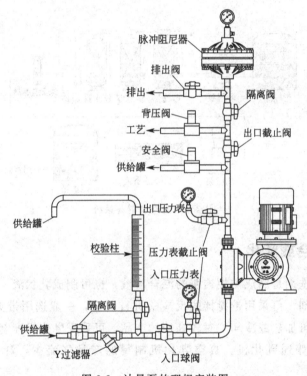

图 2-2　计量泵的理想安装图

③ 过滤设备。原料、产品中的机械杂质和不溶性杂质，可用滤布进行过滤。滤布是由涤纶、丙纶、锦纶、维纶等材质织成的过滤介质，具有耐热、耐酸碱、耐磨等特点，广泛用于工业生产中的固液分离。需要注意的是，其中锦纶滤布虽然具有良好的耐碱能力，但不能用于食品、制药领域，因为它含有不利于人体健康的成分。

精密过滤器，适用于对过滤精度要求比较高的固液分离。筒体外壳一般采用不锈钢材质制造，内部采用聚四氟乙烯膜（PTFE）滤芯，聚酮膜（HE）滤芯，聚丙烯膜（PP）滤芯，乙酸纤维膜（CA）滤芯等作为过滤元件，过滤精度范围从 0.1 至 $60\mu m$，选择不同的过滤元件，以达到要求的过滤效果。

④ 水处理设备。混床是指水依次通过装有氢型阳离子交换树脂的阳床和装有氢氧型阴离子交换树脂的阴床的系统。阳床用于除去水中的阳离子；阴床用于除去水中的阴离子。通过混床可将水中的各种矿物盐基本除去，实现软化水的目的。

反渗透是一种借助于反渗透膜的选择性透过功能，以压力为推动力的膜分离技术。当系统所加的压力大于进水溶液的渗透压时，水分子不断地透过膜，经过产水流道进入收集器，而水中的杂质（如离子、有机物、细菌、病毒等）被截留在膜的进水侧，从浓水出水端流出，最终达到分离净化目的。图 2-3 为超纯水制备系统。

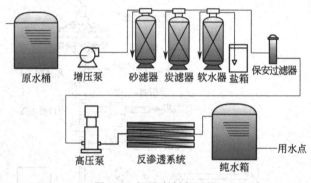

图 2-3　超纯水制备系统

2.4.2　混合或乳化

大部分清洗剂是制成均相透明的混合溶液，也可制成乳状液。对一般透明或乳状液体洗涤剂，可采用带搅拌的反应釜进行混合，一般选用带夹套的反应釜，可调节转速，可加热或冷却。对较高档的产品，可采用乳化机配制。乳化机又分真空乳化机和普通乳化机。真空乳化机制得的产品气流少，膏体细腻，稳定性好。

（1）混合　液体洗涤剂的配制过程以混合为主，但各种类型的液体洗涤剂有不同的特点，一般有两种配制方法：一是冷混法，二是热混法。

① 冷混法，首先将去离子水加入搅拌混合罐中，然后将表面活性剂溶解于水中，再加入其他助剂或辅助剂，待形成均匀溶液后，可加入其他成分（如香料、色素、防腐剂等），最后将溶液调节至所需的 pH 值和黏度。冷混法适用于不含蜡状固体或难溶性物质的配方。

② 热混法，一般适用于配方中含有蜡状固体或难溶性物质的情况。首先将表面活性剂溶于热水或冷水中，在不断搅拌下加热到 70℃，然后加入要溶解的固体原料，继续搅拌至溶液均匀透明为止。然后将温度冷却至 25℃左右，加入

色素、香料和防腐剂等。pH 值和黏度的调节一般应在较低的温度下进行。热混法的温度也不宜过高（一般不超过 70℃），以免配方中的某些成分遭到破坏。

③ 制备过程中的注意事项

a. 高浓度表面活性剂的稀释，必须将表面活性剂慢慢地加入水中，而不是把水加入到表面活性剂中，否则会形成黏性极大的团状物难以分散。

b. 水溶性高分子物质，如阳离子瓜尔胶等，大多是固体粉末或颗粒。它们虽然溶于水，但溶解速度很慢，需要长期搅拌甚至加热，造成大量能耗和降低设备利用率。在高分子粉料中加入适量甘油以润湿，然后再将高分子物质加入水相，可以促进高分子的溶解，若加热，则溶解更快。

c. 表面活性剂使得液体清洗剂容易产生泡沫，注意加料的液面需要没过搅拌桨叶，以避免过多的空气混入。

（2）乳化　一些工业清洗剂必须制成乳浊液，才能保证其功能性成分均匀分散在水中。乳化型的清洗剂，无论是配方、复配工艺，还是生产设备，在工业清洗剂中都是要求最高的，工艺也是最复杂的。

乳化方法包括乳化剂、油相和水相的添加顺序以及乳化温度等。除了配方中乳化剂的选择外，适宜的乳化方法也是制备合格乳化产品的重要保证。

a. 转相乳化法　乳化型清洗剂中常见的是水包油型（O/W 型），在制备 O/W 型乳状液时，先将乳化剂和油相成分加热混匀成液体状，然后在均匀搅拌下缓慢加入热的水相。在这个过程中，油相开始分散成细小的颗粒，并首先形成油包水型（W/O 型）乳状液。随着热水的继续加入，乳状液逐渐增稠，但水相加至约 60% 左右时，乳状液会突然变稀，这时体系已经转变成了 O/W 型乳状液，余下的水相可以较快速地加完，得到最终的乳化型清洗剂。

在转相时，油相很快地分散成细而均匀的粒子。但转相结束后，再剧烈的搅拌也不能使粒子变得更细小。所以，需要充分理解转相原理并认真操作。

b. 自然乳化法　自然乳化法的特点是不必使用剧烈搅拌装置，当含有一定量乳化剂的油相投入水相中时就可以获得均匀的乳状液。油相为矿物油等流动性好的液体时，常采用这种方法。高黏度的油需要在较高温度（40～60℃）下才能进行自然乳化。而多元醇酯类则不易实现自然乳化。

c. 机械强制乳化法　通过转相乳化法和自然乳化法都无法制备的乳化体，可以采用机械强制乳化法。利用均质乳化器和胶体磨等机器，可以用非常大的剪切力将被乳化物撕成很细且均匀的粒子，形成稳定的乳状液。

（3）相关设备介绍

① 混合机，是利用机械力将两种或两种以上物料均匀混合的机械设备。常用的混合机可分为低黏度液体混合机、中高黏度液体和膏状物混合机、粉状和粒状固体物料混合机等。混合机的配件由耐磨合金材料制造，包括高速搅拌刮刀、

搅拌翅、耐磨衬板、搅拌臂、搅拌铲、行星铲、搅拌型刀、搅拌棒、搅拌耙等。中高黏度液体和膏状物混合机一般具有强的剪切作用。根据搅拌方式的不同，常见的有双螺旋锥形混合机、卧式螺带混合机、三维运动混合机等。

双螺旋锥形混合机（见图2-4）利用螺旋的公转使粉粒向周围运动，利用螺旋叶片的自转使粉粒向中央作径向运动，粉体从锥底向上升流并向螺旋外围表面上排出，进行物料混合。由于螺旋在混合机内的公转自转的组合，形成了粉体的四种流动形式：即对流、剪切、扩散、掺混的复合运动。因此，粉体在混合机内能迅速达到均匀的混合。

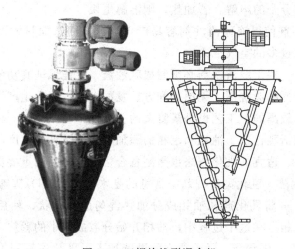

图 2-4 双螺旋锥形混合机

卧式螺带混合机（见图2-5）适用于搅拌干的、粉状的物料。机内物料受两个相反方向运动的转子作用，进行复合运动。双轴螺旋叶片分别作顺时针、逆时针两个方向的运动，造成靠近轴心处的物料由内至两侧推动，而外螺旋带动靠近筒壁物料由两侧至内推动，使物料对流循环、剪切掺混，完成物料在较短时间内快速混合均匀。

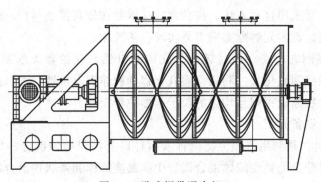

图 2-5 卧式螺带混合机

三维运动混合机（见图 2-6）能够在立方体三维空间上作独特的平移、转动，以及摇滚运动，使物料在混合筒内处于"旋转流动-平移-颠倒落体"等复杂的运动状态，产生一股交替脉冲，连续不断地推动物料，运动产生的湍动则有变化的能量梯度，从而使被混合的物料中各质点具有不同的运动状态，各质点在频繁的运动扩散中不断地改变自己所处的位置，产生理想的混合效果。

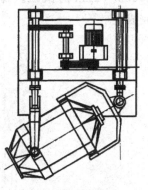

图 2-6　三维运动混合机

② 反应釜（见图 2-7），是综合反应容器，即物理或化学反应的容器。通过对容器的结构设计与参数配置，可以实现加热、控温、冷却、低高速混配等生产工艺要求的功能。新型的反应釜可以在较高自动化程度下完成预设好的"进料-反应-出料"各反应步骤，并对反应过程中的温度、压力、力学控制、反应物/产物浓度等重要参数进行调控。其结构一般由釜体、传动装置、搅拌装置、加热装置、冷却装置、密封装置组成，配套的辅助设备包括分馏柱、冷凝器、分水器、收集罐、过滤器等。

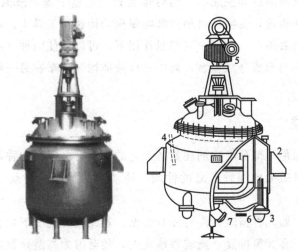

图 2-7　反应釜

1—锚式搅拌器；2—悬挂式支座；3—电加热元件；4—测温表；

5—传动装置；6—放油口；7—出料口

③ 高速剪切乳化机（见图 2-8），是指物料在均质锅内通过锅内搅拌框不断地旋转搅拌，使其不断产生新界面，将物料剪断、压缩、折叠，使其搅拌、混合而向下流往锅体下方的均质器处，再通过高速旋转的转子与定子之间所产生的强力的剪断、分散、冲击、乱流等过程使物料在剪切缝中被切割，迅速破碎成

$200 \text{nm} \sim 2 \mu \text{m}$ 的微粒。物料微粒化、乳化、混合、调匀、分散等在短时间内完成。

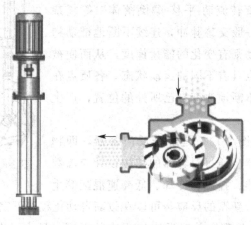

图 2-8　剪切乳化机及其工作原理

④ 超声乳化机，其部件主要包括大功率超声波换能器、变幅杆和工具头（发射头）。换能器将输入的电能转换成机械能，即超声波；变幅杆按设计需要放大振幅，隔离反应溶液和换能器，同时也起到固定整个超声波振动系统的作用；工具头与变幅杆相连，变幅杆将超声波能量振动传递给工具头，再由工具头将超声波能量发射到液体中。在超声波能量作用下，可以促使两种（或两种以上）不相溶液体混合均匀形成分散物系，其中一种液体均匀分布在另一液体之中而形成乳状液。

2.4.3　调整

（1）加香加色　部分清洗剂在制备工艺的后期，会进行加香，以提高产品档次。选择香精时需考虑加香产品的性质、清洗剂的酸碱性特点，应不起化学反应，互相稳定。

在清洗剂中加入香精时，需要注意温度。若在较高温度下加香，香精中稀释剂（多用乙醇）会大量挥发，造成香精流失，甚至因为高温导致香精变质。一般在 $50 ℃$ 以下加香较为适宜。香精的加入量一般很少，不易混匀，常用乙醇稀释后再加入产品中。

清洗剂有时也需要加色，一般选用染料使产品着色。染料的用量一般在千分之几的范围甚至更少，因为加色只是为了美观，且须保持产品应有的透明度，还不能使被清洗物着色。在加色时，原则上应先用清洗剂中对色素有较好溶解性的成分，预先与色素混溶，然后再进行清洗剂的复配。

色素加入清洗剂产品中，最终呈现的色泽是一种综合指标，不同组分与色素配合后光反射效果不同，产生的色彩、色度、色调都可能发生变化。工艺条件中的温度，也可能对色彩效果产生影响。因此，清洗剂主体配方确定后，还应对加色素工艺进行实验以确定最终方案。

（2）调整黏度　液体清洗剂都应有适当的黏度。为满足这一要求，一般都需要对清洗剂的黏度进行调整。清洗剂配方中若含有烷基醇酰胺，其含量可控制产品的黏度；对于一般的清洗剂，可以加入氯化钠（或氯化铵）等电解质以增加黏度；对以脂肪酸盐为主要活性物的清洗剂，可以加入长链脂肪酸以提高黏度；对于乳化型清洗剂，可以加入亲水性高分子物质，不但可作为增稠剂，还可增强乳化效果。如果希望获得低黏度的清洗剂，可以加入酒精、二甲苯磺酸等稀释剂。

对于透明型的清洗剂，调整黏度时加入胶质、有机增稠剂或无机盐类，还要求同时考虑产品乳浊点，需要选择浊点较高或低温下溶解度较大的活性物质，一般来说，用氯化钠、氯化铵进行黏度调节最为方便，加入量为1%～4%。

乳化型清洗剂的增稠，比透明型清洗剂的增稠更容易。最常用的增稠剂是水溶性高分子化合物，如聚乙烯醇、聚乙烯吡咯烷酮等。这类产品乳化增稠都是为稳定难溶性功能成分，但不能太稠，流动性太差不便使用。

（3）调整pH值　在制备清洗剂时，大部分活性物质是碱性的。一些重垢型清洗剂是高碱性的，而轻垢型清洗剂的碱性较低，个别产品如高级饰物清洗剂等需要具有酸性。因此，清洗剂制备工艺中，调节pH值是一项必要工序，用到的缓冲剂一般是酸或酸性的盐，如柠檬酸、酒石酸、磷酸和磷酸氢二钠等。

清洗剂制备过程中，各主要成分按工艺条件混配后，测定其pH值，估算缓冲剂的用量，投入缓冲剂并搅拌均匀后，再测pH值。若未达到要求可继续补加，就这样逐步逼近，直到满意为止。

清洗剂pH值是一个范围，而不是定数。另外，新配制的清洗剂在长期储存后pH值可能会发生明显变化，这在控制生产时应考虑到。

（4）相关设备

① 黏度计，是测量流体黏度的物性分析仪器。按工作方式可以分为：离线黏度计（取样检测）、在线黏度计（连续实时监测）和便携式黏度计。

离线黏度计可分为毛细管式和旋转式两种，前者根据液体在一定条件下通过毛细管的速度来计算液体黏度，后者则检测弹片在黏性液体中的受力运动情况，由于流体内的物体运动会受到流体的阻碍，此作用的大小与流体的黏度有关，通过计算可以得到流体的黏度数值。

在线黏度计是基于QCM敏感器件的黏度传感器，当探头敏感器件与被测液体接触时，通过监测电压超声敏感器件的参数变化来感知液体黏度的变化。

便携式黏度计采用共轴二圆筒式的方法测量黏度。外部的平底圆筒和内部的圆柱体共轴，二者之间的狭缝中充满被测液体。当泵带动圆筒作旋转运动时，狭缝中的液体受剪切力作用而发生流动，并因液体的黏滞性而带动内部的圆柱转动。根据圆筒的转速和圆柱的转矩可以计算出液体的黏度。

② pH计，通过电位分析法测量液体中的氢离子浓度，从而可以得到精密的酸碱度值。pH计也亦可分为便携式、台式和连续监控的在线式。工业用pH计还应具有环境适应能力强、抗干扰能力强、数字通信、上下限报警、远程控制等功能。

2.4.4　后处理

(1) 过滤　从配制设备中制得的洗涤剂在包装前需滤去机械杂质。

(2) 均质老化　经过乳化的液体，其稳定性往往较差，如果再经过均质工艺，使乳液中分散相中的颗粒更细小，更均匀，则产品更稳定。均质或搅拌混合的制品，放在储罐中静置老化几小时，待其能稳定后再进行包装。

(3) 脱气　由于搅拌作用和产品中表面活性剂的作用，有大量气泡混于成品中，造成产品不均匀，性能及储存稳定性变差，包装计量不准确。可采用真空脱气工艺，快速将产品的气泡排出。

(4) 相关设备　真空脱气机，是利用真空抽吸作用排除料液中所含不凝性气体的装置。真空脱气机可以在真空罐中形成负压，由于压力降低，气体的溶解度减小，使分散和溶解在物料中的气体释放出来，聚集在真空罐的顶部；此时灌入新物料可将聚集在真空罐顶部的气体通过自动排气阀排出。脱气处理可以去除料液中的空气（氧气），抑制维生素、色素、香气成分等物质的氧化；可以去除附着于料液中的悬散微粒气体，保持良好外观；可以防止灌装时起泡，影响之后工序的效率。

2.4.5　灌装

(1) 方法　对于绝大部分液体洗涤剂，都使用塑料瓶小包装。因此，在生产过程的最后一道工序，包装质量是非常重要的，否则将前功尽弃。正规生产应使用灌装机包装流水线。小批量生产可用高位槽手工灌装。严格控制灌装量，做好封盖、贴标签、装箱和记载批号、合格证等工作。袋装产品通常应使用灌装机灌装封口。包装质量与产品内在质量同等重要。

(2) 相关设备

① 粉剂灌装机，多采用步进电机带动螺杆旋转过的容积计量，计量大小通过螺杆旋转圈数确定，自动灌装时包装速度采用时间间隔来设定。带有反转功能的灌装机，可以在每次灌装结束的瞬间反转，防止滴漏。

② 液体灌装机，可分为常压灌装机、真空灌装机和压力法灌装机。常压灌装是在大气压力下，直接依靠被灌液料的自重流入包装容器。常见采用容积定量或液位定量两种灌装阀，容积定量比液位定量的灌装计量精度高一些，但速度略低。常压灌装机主要用于低黏度不含气的液料。

真空灌装机是在负压条件下进行灌装，国内多采用差压真空式，即储液箱内部保持常压，而对包装容器内部抽气，形成一定的真空度，液料依靠两容器间的压力差流入包装容器。真空灌装机适用于黏度稍大的液料。

压力法灌装机可借助机械或气液压装置控制活塞往复运动，将黏度较大的液料从储液箱吸入活塞缸内，然后再强制压入包装容器。压力法灌装机适用于黏度较大的液料。

③ 喷雾剂灌装机，专门用于气雾剂产品的生产，在结构上主要由灌液计量缸、灌液头、台面、机架及气动元件组成。其工作的过程分为灌液、封口、充气三个阶段。灌液计量缸、灌液头负责定量灌液，盖接压轧，气动元件负责将沸点在室温以下的流体（喷射剂）在高压下压入瓶内，并将瓶内空气挤出喷罐。

第 **3** 章

机械工业用清洗剂

在机械加工过程和机器零部件的维修过程中都需使用到清洗剂，以去除各种机械设备、机床，以及加工零部件表面所黏附的油迹、烟渍、霉腐物、氧化物、灰尘等污垢，便于加工和生产。

机械加工领域设备及零件表面常见的材料包括铸铁、碳钢、不锈钢等黑色金属和铝、铜、锌及各自合金等有色金属。一般地，黑色金属能耐碱但耐酸能力差；铜及其合金可以耐受普通的酸碱，但在遇到醇胺等具有较强配合能力的物质时，容易出现铜绿现象；铝和锌属于两性金属，与酸或强碱都能够发生反应，在中性或弱碱性条件下稳定性较好。

机械设备和产品在储存和生产过程中，产生的污垢包括粉尘、手汗、无机盐、聚合物等水溶性污垢，可以与碱发生皂化反应的动植物油脂，以及不可发生皂化反应的矿物油、蜡、高分子聚合物等。

金属清洗工艺传统方法是用碱液清洗剂和有机溶剂清洗。碱性清洗剂中常用到氢氧化钠、碳酸钠、磷酸钠和焦磷酸钠等。由于碱对水溶性污垢能够溶解，对油脂污垢可以皂化，加上成本低，至今仍有使用价值。有机溶剂对金属进行清洗效率较高，但也具有脱脂不彻底、易燃、毒性大、成本高等缺点。

目前，以表面活性剂为主结合一些助剂的水基型清洗剂，正在快速发展，并且被越来越广泛地使用。主要通过表面活性剂来降低表面张力，实现润湿、乳化、分散、增溶等物理化学作用，达到去污的目的，适用于绝大多数油污的清洗。近年来，由于环境法规的完善，在表面活性剂的选择上出现了一些变化，难以被生物降解的表面活性剂正逐步被淘汰，如直链烷基苯磺酸、烷基酚聚氧乙烯醚等。

机械工业清洗剂的使用十分广泛，其效果直接影响产品的外观、质量、使用性能等，在机械生产中具有重要意义。同时，机械工业清洗剂的选择，还需要综合考虑对生产速度的影响、工件材料的耐受性、清洗剂的安全性、废液处理等因素。

3.1　溶剂清洗剂

溶剂清洗剂利用溶剂的油脂溶解能力，与表面活性剂的乳化、增溶、分散性能相结合，可以较好地完成金属表面的去脂、清洁要求。与纯溶剂相比，溶剂清洗剂可以发挥表面活性剂和助剂的去污作用，提高去污效率，同时减少了溶剂的用量。

溶剂清洗剂常由以下成分组合而成：溶剂、表面活性剂、助剂、碱、磷酸盐、硅酸盐和水。配方除了要求去污性能外，还必须考虑产品的稳定性。常用的溶剂有：松油、D-苧烯、松节油、液体石蜡、煤油、矿物油等，乙二醇丁醚也是常见的溶剂。

配方 1　松油清洗剂

组　分	配比(质量份)	组　分	配比(质量份)
松油	20	十二烷基苯磺酸钠	7.8
异丙醇	11	三乙醇胺	4.7
$C_9 \sim C_{11}$ 脂肪醇聚氧乙烯(8)醚	4.7	去离子水	51.8

制备方法：将松油和异丙醇混合至均匀得油相；依次将 $C_9 \sim C_{11}$ 脂肪醇聚氧乙烯（8）醚和十二烷基苯磺酸钠加入去离子水中，混合至溶解，再加入油相混合至均匀，最后加入三乙醇胺，混合至均匀，即成。

性质与用途：本产品 pH 值为 10.7，黏度较大，相凝聚温度大于 70℃，与水混合的浊点很高，非常适合于金属表面油污的清洗。

配方 2　强力硬表面清洗剂

组　分	配比(质量份)	组　分	配比(质量份)
脱臭煤油	26	月桂基二甲基氧化胺	0.7
改性椰油酰二乙醇胺（NINOL® 11-CM）	12.3	丁基溶纤剂	10
		乙二胺四乙酸	0.4
壬基酚聚氧乙烯(12)醚	7	去离子水	43.6

制备方法：将乙二胺四乙酸加入去离子水中，搅拌至溶解，再依次加入改性椰油酰二乙醇胺、壬基酚聚氧乙烯（12）醚、月桂基二甲基氧化胺和丁基溶纤剂，混合至均匀，最后在良好搅拌下，加入脱臭煤油，混合至均匀即成。

性质与用途：本产品为黄色透明液体，原液可去除油、脂、树胶、沥青、新涂料、新黏剂和口红渍，必要时可刷洗，然后用水漂清。本剂也可用水稀释 20～50 倍（体积）后，用于清洁地板和墙壁。

配方 3　合金基础层清洗剂

组　　分	配比(质量份)	组　　分	配比(质量份)
煤油	30	异丙醇	40
乙酸乙酯	30		

　　制备方法：将各组分混合至均匀即成。

　　性质与用途：本产品用于清洗金属加工后的金属表面，可以去除动植物油脂、矿物油等液体污垢和水垢、铁锈、炭黑、积碳、灰尘、泥土等固体污垢。

配方 4　溶剂型金属清洗剂

组　　分	配比(质量份)	组　　分	配比(质量份)
煤油	37	豆油聚乙二醇胺	1
二椰油基二甲基季铵盐	2	磷酸(20%)	60

　　制备方法：将二椰油基二甲基季铵盐、豆油聚乙二醇胺和煤油预先混合，然后在剧烈搅拌下加到磷酸中，混合至均匀即成。

　　性质与用途：本产品具有溶剂清洗和酸洗的特点，对金属表面清洗、除锈效果好，且不腐蚀金属材料。

配方 5　松节油金属脱脂剂

组　　分	配比(质量份)	组　　分	配比(质量份)
松节油	90	椰子油脂肪酸二乙醇酰胺	5
壬基酚聚氧乙烯(4)醚	5		

　　制备方法：将各组分加入松节油中，混合至均匀即成。

　　性质与用途：本产品用于金属去除油污，可涂上使用，也可浸泡使用。

配方 6　石油脑金属脱脂剂

组　　分	配比(质量份)	组　　分	配比(质量份)
高闪点石油脑	95	油酸二乙醇酰胺	2.5
椰子油脂肪酸二乙醇酰胺	2.5		

　　制备方法：将各组分加入高闪点石油脑中，混合至均匀即成。

　　性质与用途：本产品用于油污严重或易腐蚀的金属工件，能溶解各类油脂，清洗效率高，不腐蚀工件。

配方 7　氯化烃金属脱脂剂

组　　分	配比(质量份)	组　　分	配比(质量份)
环己胺	1～10	1,2-二氯乙烷	10～30
苯酚	20～80	四氯化碳	5～15
氢氧化钾甲醇溶液(12%)	10～20		

　　制备方法：将各组分混合至均匀即成。

　　性质与用途：本产品是以溶剂为主的清洗剂，适用于黑色金属和钢表面脱脂，是稳定的氯化烃脱脂剂。

配方 8　复合醇金属脱脂剂

组　　分	配比（质量份）	组　　分	配比（质量份）
月桂基甲基氧化胺	8～12	异丙醇	5～10
油酸羟乙基咪唑啉	5～10	丁二醇	20～50
二甲苯磺酸钠	5～10	乙醇	40～80

制备方法：将各组分充分混合至均匀即成。

性质与用途：本产品用于清洗金属表面油污，具有清洗力强、腐蚀性小、来源广泛、常温使用、适用范围广、使用安全等优点。本剂适宜在 30℃ 以下使用。

配方 9　免冲洗金属脱脂剂

组　　分	配比（质量份）	组　　分	配比（质量份）
C_9～C_{11} 脂肪醇聚氧乙烯（6）醚	15	去离子水	2
C_9～C_{11} 脂肪醇聚氧乙烯（3）醚	5	烷烃类溶剂油（SHELLSOL 71）	60
乙二醇丁醚	18		

制备方法：依次将各组分加入烷烃类溶剂油中，剧烈混合至均匀，即成。

性质与用途：本产品常温下黏度较大，相凝聚温度大于 80℃，可作为金属表面常规油的脱脂剂。

配方 10　重垢脱脂剂

组　　分	配比（质量份）	组　　分	配比（质量份）
豆油甲酯	20	壬基酚聚氧乙烯（8）醚	10
改性椰油酰二乙醇胺（NINOL® 11-CM）	20	辛基磺酸钠	10
		去离子水	40

制备方法：将辛基磺酸钠溶于去离子水中，再依次加入壬基酚聚氧乙烯（8）醚和改性椰油酰二乙醇胺，混合至均匀，最后加入豆油甲酯，混合至均匀透明即成。

性质与用途：本产品 pH 值 9～10，黏度较大，闪点大于 94℃，稳定性好。使用时可将原液喷于金属表面，停留数秒后用布抹去，不需再用水漂洗。

配方 11　重垢清洗剂

组　　分	配比（质量份）	组　　分	配比（质量份）
D-苧烯	50	月桂基二甲基氧化胺	0.5
改性椰油酰二乙醇胺（NINOL® 11-CM）	9.5	丁基溶纤剂	10
壬基酚聚氧乙烯（12）醚	5	去离子水	25

制备方法：将改性椰油酰二乙醇胺、壬基酚聚氧乙烯（12）醚、月桂基二甲基氧化胺和丁基溶纤剂加入去离子水中，混合至均匀，再在良好搅拌下缓缓加入 D-苧烯，混合至均匀即成。

性质与用途：本产品原液或稀释后使用，能够有效地去除脂类、焦油、口香糖和其他油垢。

配方 12　低成本复合溶剂清洗剂

组　分	配比(质量份)	组　分	配比(质量份)
戊烷	6	甲基丁酮	10
乙二醇单丁醚	17	水	55
环氧丙烷	9		

制备方法：将各组分加入水中，充分混合至均匀即成。

性质与用途：本产品由脂肪烃溶剂、醇衍生物溶剂、醚类溶剂、酮类溶剂以及水组成，具有清洗效果好、清洗范围广、成本低、安全性好、使用效果好等特点。

配方 13　溶剂型金属零部件除锈清洗剂

组　分	配比(质量份)	组　分	配比(质量份)
失水山梨醇脂肪酸酯(司盘-80)	2	高纯碳氢溶剂	8
石油磺酸钠	2	四氯乙烯	35
石油磺酸钡	1	二氯甲烷	52

制备方法：将石油磺酸钠和石油磺酸钡加入高纯碳氢溶剂中，升温至 70℃，保温搅拌 2h，降温至 40℃，加入失水山梨醇脂肪酸酯，保温搅拌 2h，降温至室温，依次用泵加入二氯甲烷、四氯乙烯，搅拌 15min，静止 24h，用 500 目过滤网过滤，即成。

性质与用途：本产品用于金属零部件的防锈清洗，溶解树脂的能力强，渗透能力强，能轻松将工件表面的锈污、灰尘、金属屑清洗干净，而且能在工件表面留下一层致密、超薄的防锈油膜，给予工件短期的防锈保护。本剂对于一般小零件，可采用浸泡清洗，浸泡数分钟后捞出，自然干燥即可；若超声波清洗效果更好；对于大型零部件，可采用喷枪刷洗的方法，然后自然干燥。

3.2　碱性清洗剂

碱性清洗剂通过皂化反应将油脂、脂肪润滑剂等不溶性污垢转化成可以溶于水的肥皂，同时能有效去除附着的煤尘和轻垢。

碱性清洗剂常由氢氧化钠、偏硅酸钠、碳酸盐、螯合剂、分散剂和各种表面活性剂组成，碱性强，常在高温（50～94℃）和高浓度下使用。

配方 14　黑色金属重垢清洗剂

组　分	配比(质量份)	组　分	配比(质量份)
氢氧化钠	40	无水偏硅酸钠	20
碳酸钠	22	改性脂肪醇聚氧丙烯聚氧乙烯醚	
焦磷酸钠	10	(TRITON™ DF-12)	3
葡萄糖酸钠	5		

制备方法：将 TRITON™ DF-12 和葡萄糖酸钠混合后，喷于碳酸钠粉末上，

再加入焦磷酸钠、氢氧化钠和偏硅酸钠，混合至呈自由流动的粉末。

性质与用途：本产品用 30～60 倍的水溶解后使用，在低温下仍有效，可以用于黑色金属材料表面上重垢的清洗。

配方 15　黑色金属轻垢清洗剂

组　　分	配比(质量份)	组　　分	配比(质量份)
碳酸钠	45	辛基酚聚氧丙烯聚氧乙烯醚	5
无水偏硅酸钠	25	(TRITON™ CF-10)	
三聚磷酸钠	25		

制备方法：将 TRITON™ CF-10 喷于碳酸钠上，然后加入三聚磷酸钠和无水偏硅酸钠，混合至呈自由流动的粉末。

性质与用途：本产品用 8～15 倍的水溶解后使用，用于轻垢的清洗。

配方 16　通用碱性脱脂剂

组　　分	配比(质量份)	组　　分	配比(质量份)
焦磷酸钾	5	直链烷基苯磺酸(LABSA)	1.5
二甲苯磺酸钠	4.5	羟甲基甘氨酸钠	0.2
N-十二烷基吡咯烷酮	1	氢氧化钠溶液(50%)	0.5
N-甲基吡咯烷酮	2	去离子水	85.3

制备方法：将氢氧化钠溶液和 LABSA 加入去离子水中，搅拌至中和完全；在加入焦磷酸钾和二甲苯磺酸，搅拌至溶解；再依次加入 N-十二烷基吡咯烷酮、N-甲基吡咯烷酮和羟甲基甘氨酸钠，混合至均匀即成。

性质与用途：本产品能够高效清除金属表面沾染的动植物油、矿物油或其他污垢。

配方 17　通用机器清洗剂

组　　分	配比(质量份)	组　　分	配比(质量份)
氢氧化钾	10	烷基酚聚氧乙烯醚脂肪酸钾	10
碳酸钠	5	去离子水	65
五水偏硅酸钠	10		

制备方法：将各组分溶于去离子水中，混合至均匀即成。

性质与用途：本产品 Krafft 点小于 0℃，浊点约 43℃，易于从硬表面上去除多种污垢。

配方 18　碱性金属清洗剂

组　　分	配比(质量份)	组　　分	配比(质量份)
五水偏硅酸钠	15.6	乙二胺四乙酸	1
C_9～C_{11} 脂肪醇聚氧乙烯(6)醚	7.5	去离子水	67.9
磷酸酯	8		

制备方法：将各组分加入去离子水中，混合至均匀即成。

性质与用途：本产品常温下黏度较大，pH 值为 13.2，相凝聚温度约 57℃，为良好的碱性金属清洗剂。

配方 19　重垢清洗剂

组　分	配比（质量份）	组　分	配比（质量份）
五水偏硅酸钠	3	乙二胺四乙酸溶液（40%）	0.3
磷酸三钠	2.5	乙二醇丁醚	8
三聚磷酸钠	1.5	去离子水	加至 100
牛油脂肪酸	2		

制备方法：将各组分加入去离子水中，加热至 40℃，混合至均匀即成。

性质与用途：本产品用于金属表面重垢的清洗，去油污效果好，易于冷水清洗。

配方 20　重垢碱性清洗剂

组　分	配比（质量份）	组　分	配比（质量份）
氢氧化钠溶液（50%）	10	壬基酚聚氧乙烯醚	6
五水偏硅酸钠	20	乙二胺四乙酸溶液（40%）	5
月桂酰胺二丙酸二钠	12.3	去离子水	46.7

制备方法：良好搅拌下，将各组分加入去离子水中，确认前一组分充分溶解后再加入下一组分，混合至均匀，即成。

性质与用途：本产品外观为透明液体，Krafft 点为 −8℃，浊点约 57℃，非常适用于浸泡罐清洗。

配方 21　高泡碱性清洗剂

组　分	配比（质量份）	组　分	配比（质量份）
氢氧化钠溶液（50%）	10	壬基酚聚氧乙烯醚	2
五水偏硅酸钠	2	椰油酰两性基二丙酸二钠	8
十二烷基苯磺酸	2	去离子水	76

制备方法：将十二烷基苯磺酸和氢氧化钠溶液加入去离子水中，搅拌至中和完全，在加入其余各组分，混合至均匀即成。

性质与用途：本产品外观为透明液体，Krafft 点为 −4℃，浊点大于 100℃。

配方 22　低泡碱性清洗剂

组　分	配比（质量份）	组　分	配比（质量份）
碳酸钠	10	乙二胺四乙酸	2
改性阴离子烷基羧酸盐	9	二丙二醇甲醚	4
十二烷基二甲基甜菜碱	7	去离子水	68

制备方法：良好搅拌下依次将各组分加入去离子水中，确认前一组分充分溶解后再加入下一组分，混合至均匀即成。

性质与用途：本产品低泡、易清洗，可安全用于黑色金属与有色金属的清洗。

配方 23　自破乳低泡碱性清洗剂

组　分	配比（质量份）	组　分	配比（质量份）
碳酸钠	10	乙二胺四乙酸二钠	2
辛基亚氨基二丙酸盐	7	二丙二醇单甲醚	4
磷酸助溶剂（COLA™ FAX 3373PE）	9	去离子水	68

制备方法：将碳酸钠、乙二胺四乙酸二钠和磷酸助溶剂加入去离子水中，搅拌至溶解，再依次加入辛基亚氨基二丙酸盐和二丙二醇单甲醚，在加入下一组分前应确认前一组分已经完全溶解，混合至均匀即成。

性质与用途：本产品适用于加压和升温操作，去除油类和脂肪污垢，流出液不用进行 pH 值调节，即可快速分离。

配方 24　浓缩碱性清洗剂

组　　分	配比(质量份)	组　　分	配比(质量份)
焦磷酸钾	25	无水偏硅酸钠	10
氢氧化钾	10	去离子水	45
烷基酚聚氧乙烯醚脂肪酸钾	10		

制备方法：将各组分加入去离子水中，混合至均匀即成。

性质与用途：本产品适用于高压喷射、浸泡和擦洗操作。

配方 25　重垢喷射清洗剂

组　　分	配比(质量份)	组　　分	配比(质量份)
氢氧化钠溶液(50%)	50	去离子水	40
烷基酚聚氧乙烯醚脂肪酸钾	10		

制备方法：将各组分加入去离子水中，混合至均匀即成。

性质与用途：本产品低泡，Krafft 点小于 5℃，浊点约为 75℃，可用于金属表面重垢的喷射清洗。

配方 26　喷射用金属去油清洗剂

组　　分	配比(质量份)	组　　分	配比(质量份)
焦磷酸钾	13	$C_9 \sim C_{11}$ 脂肪醇聚氧乙烯(5)醚	2
氢氧化钾溶液(45%)	12	异丙苯磺酸钠溶液(45%)	8
硅酸钠溶液(37.5%)	12	去离子水	53

制备方法：将焦磷酸钾溶于去离子水中，再加入氢氧化钾溶液、硅酸钠溶液和异丙苯磺酸钠溶液，最后加入 $C_9 \sim C_{11}$ 脂肪醇聚氧乙烯(5)醚，混合至均匀即成。

性质与用途：本产品 pH 值为 13.7，相凝聚温度大于 74℃，可用于喷射操作。

配方 27　喷射金属清洗剂

组　　分	配比(质量份)	组　　分	配比(质量份)
氢氧化钠	5	低泡脂肪醇烷氧化物(Synperonic NCA850)	2
碳酸钠	4		
无水偏硅酸钠	3	去离子水	75
烷酸钠助溶剂(Monatrope 1250A)	11		

制备方法：将无水偏硅酸钠、碳酸钠和氢氧化钠加入去离子水中，搅拌至溶

解，再依次加入烷酸钠助溶剂和低泡脂肪醇烷氧化物，确认前一组分充分溶解后再加入下一组分，混合至均匀即成。

性质与用途：本产品用水稀释 40 倍（体积）后使用，浊点约 96℃，60℃ 时无泡沫。

3.3　酸性除锈清洗剂

酸性清洗剂主要用于除锈以及金属表面氧化物。传统酸性清洗剂在使用后，还需用弱碱性溶液和水进行冲洗，防止酸性腐蚀金属；新型酸性除锈清洗剂由于添加了缓蚀剂，可以有效地抑制酸性对金属表面的腐蚀。

配方 28　酸性除锈清洗剂

组　　分	配比(质量份)	组　　分	配比(质量份)
磷酸(85%)	30	乙二醇丁醚	5
辛基酚聚氧乙烯(9.5)醚	1	去离子水	59

制备方法：良好搅拌下，将磷酸缓缓加入去离子水中，再加入乙二醇丁醚和辛基酚聚氧乙烯（9.5）醚，混合至均匀即成。

性质与用途：本产品可以较好地去除铁锈和金属表面油膜。原液用于重垢清洗；对于一般清洗工作，可以用 20 倍的水稀释使用。

配方 29　强效酸性清洗剂

组　　分	配比(质量份)	组　　分	配比(质量份)
磷酸(85%)	35	$C_{11}\sim C_{15}$ 脂肪酸聚氧丙烯聚氧乙烯醚(TERGITOL™ Min-Foam 1X)	1.5
甘醇酸	1	去离子水	62.5

制备方法：良好搅拌下，将磷酸与甘醇酸加入去离子水中，混合至均匀，再加入 TERGITOL™ Min-Foam 1X（如果使用冷水，可预先将 TERGITOL™ Min-Foam 1X 与 3 份热水混合，再加入体系），混合至均匀即成。

性质与用途：本产品用水稀释 60～130 倍（体积）使用。

配方 30　溶剂型酸性清洗剂

组　　分	配比(质量份)	组　　分	配比(质量份)
磷酸(20%)	60	豆油聚乙二醇胺	1
煤油	37	二椰油基二甲基季铵盐	2

制备方法：将豆油聚乙二醇胺和二椰油基二甲基季铵盐加入煤油，混合至均匀，再在充分搅拌下缓缓加入到磷酸中，混合至均匀即成。

性质与用途：本产品同时具有溶剂清洗和酸洗的特点，对金属表面的清洗、除锈效果好，且不腐蚀金属材料。

配方 31　有机酸除锈清洗剂

组　分	配比(质量份)	组　分	配比(质量份)
乙烷磺酸	0.7	酒石酸	0.01
羧基甜菜碱型两性表面活性剂	0.5	丙二醇丁醚	5
咪唑啉油酸盐(缓蚀剂)	0.1	去离子水	加至100
苯并异噻唑啉酮(杀菌剂)	0.03		

　　制备方法：将各组分依次加入去离子水中，混合至均匀即成。

　　性质与用途：本产品呈弱酸性，不含磷、胺、苯等对人体和环境有害的物质，且在高温或低温下性能均稳定，适用于实际生产应用。使用本剂清洗后，金属表面光洁如新，清洗时对金属无腐蚀。

3.4　水基型金属清洗剂

　　水基金属清洗剂是以表面活性剂为主要成分，与多种助剂复配，以水为溶剂的清洗剂。其中表面活性剂含量为 10%～40%，常用非离子表面活性剂与阴离子表面活性剂的复配物。常用的助剂包括助洗剂（三聚磷酸钠、硅酸钠、碳酸钠、乙二胺四乙酸钠、次氨基三乙酸钠等）、缓蚀剂、稳定剂、增溶剂及泡沫稳定剂等。常用的是烷基醇酰胺类产品，如椰子油脂肪酸二乙醇酰胺、烷基醇酰胺的磷酸酯等。除能稳定泡沫外，还可增加黏度和提高去污力。此外，还可以含有消泡剂（如硅油、乙醇）、填充剂、香精、色料等。

配方 32　水基型工业通用清洗剂

组　分	配比(质量份)	组　分	配比(质量份)
辛酰胺丙基甜菜碱	7	偏硅酸钠	3
2,6,8-三甲基-4-壬醇聚氧乙烯(8)醚(Tergitol TMN-6)	2	乙二胺四乙酸	2
焦磷酸钾	3	去离子水	83

　　制备方法：将焦磷酸钾、偏硅酸钠和乙二胺四乙酸加入去离子水中，搅拌至溶解，再依次加入 Tergitol TMN-6 和辛酰胺丙基甜菜碱，混合至均匀透明，最后用氢氧化钠调 pH 值至 12～13，即成。

　　性质与用途：本产品的配方中不含有机溶剂成分，清洗时产生的泡沫少且易碎，常用水稀释 20～100 倍（体积）后使用。

配方 33　水基型工业轻垢清洗剂

组　分	配比(质量份)	组　分	配比(质量份)
脂肪胺聚氧乙烯(7.5)醚(TRITON™ RW-75)	5	无水偏硅酸钠	3
		二丙二醇单甲醚	5
烷基磷酸酯钾盐(TRITON™ H-66)	4	去离子水	80
焦磷酸钾	3		

制备方法：将焦磷酸钾和无水偏硅酸钠加入去离子水中，搅拌至溶解，再依次加入二丙二醇单甲醚、TRITON™ RW-75 和 TRITON™ H-66，确认前一组分充分溶解后再加入下一组分，最终混合至均匀即成。

性质与用途：本产品用水稀释 60～130 倍（体积）使用，能够高效地去除金属表面的轻垢，且具有良好的废液处理性。

配方 34　粉剂型水基金属清洗剂

组　分	配比(质量份)	组　分	配比(质量份)
脂肪醇聚氧乙烯(9)醚	10	硅酸钠	5
十二烷基苯磺酸钠	5	乌洛托品	40
三聚磷酸钠	22	羧甲基纤维素	1
碳酸钠	7	无水硫酸钠	10

制备方法：在搅拌器中先放入碳酸钠、硅酸钠、乌洛托品、三聚磷酸钠、羧甲基纤维素、无水硫酸钠，搅拌至均匀，再加入脂肪醇聚氧乙烯(9)醚和十二烷基苯磺酸钠，充分搅拌至呈自由流动的粉末即可。

性质与用途：本产品用自来水配制成浓度 1%～3% 即可使用，广泛适用于黑色和有色金属的除油清洗，对金属基体的腐蚀极微弱，且具有一定的防锈能力，易漂洗，无毒害。

配方 35　水基型重垢金属清洗剂

组　分	配比(质量份)	组　分	配比(质量份)
C_9～C_{11} 脂肪醇聚氧乙烯(6)醚	7	五水偏硅酸钠	7
C_9～C_{11} 脂肪醇聚氧乙烯(3)醚	3	乙二胺四乙酸	6
甲基苯磺酸钠(40%)	17.5	去离子水	59.5

制备方法：将 C_9～C_{11} 脂肪醇聚氧乙烯(6)醚和 C_9～C_{11} 脂肪醇聚氧乙烯(3)醚加入去离子水中，搅拌至溶解（若不易溶解可适当升温搅拌），再依次加入甲基苯磺酸钠、五水偏硅酸钠和乙二胺四乙酸，混合至均匀即成。

性质与用途：本产品在常温下黏度较大，pH 值为 13.5，相凝聚温度大于 74℃，可用于重油的清洗。

配方 36　水基型轻垢金属清洗剂

组　分	配比(质量份)	组　分	配比(质量份)
C_9～C_{11} 脂肪醇聚氧乙烯(6)醚	3	五水偏硅酸钠	7
C_9～C_{11} 脂肪醇聚氧乙烯(3)醚	7	乙二胺四乙酸	6
异丙苯磺酸钠(45%)	15	去离子水	62

制备方法：将 C_9～C_{11} 脂肪醇聚氧乙烯(6)醚和 C_9～C_{11} 脂肪醇聚氧乙烯(3)醚加入去离子水中，搅拌至溶解，再加入其余组分，混合至均匀即成。

性质与用途：本产品常温下黏度大，pH 值为 12.7，相凝聚温度大于 80℃，可用于轻油的清洗。

配方 37　高压喷射用水基金属清洗剂

组　分	配比(质量份)	组　分	配比(质量份)
$C_9 \sim C_{11}$ 脂肪醇聚氧乙烯(6)醚	5	磷酸酯	10
$C_9 \sim C_{11}$ 脂肪醇聚氧乙烯(3)醚	5	乙二胺四乙酸	4
五水偏硅酸钠	10	去离子水	66

制备方法：将 $C_9 \sim C_{11}$ 脂肪醇聚氧乙烯(6)醚、$C_9 \sim C_{11}$ 脂肪醇聚氧乙烯(3)醚和磷酸酯加入去离子水中，充分搅拌至溶解，再加入乙二胺四乙酸和五水偏硅酸钠，混合至均匀即成。

性质与用途：本产品为高质量浓缩物，相凝聚温度大于 60℃，pH 值为 13.3，可用于高压喷射系统。

配方 38　高质量水基浓缩金属清洗剂

组　分	配比(质量份)	组　分	配比(质量份)
$C_9 \sim C_{11}$ 脂肪醇聚氧乙烯(6)醚	5	二甲苯磺酸钠(40%)	15
$C_9 \sim C_{11}$ 脂肪醇聚氧乙烯(3)醚	5	乙二胺四乙酸	6
五水偏硅酸钠	6.5	去离子水	62.5

制备方法：将 $C_9 \sim C_{11}$ 脂肪醇聚氧乙烯(6)醚、$C_9 \sim C_{11}$ 脂肪醇聚氧乙烯(3)醚和二甲苯磺酸钠加入去离子水中，充分搅拌至溶解，再加入乙二胺四乙酸和五水偏硅酸钠，混合至均匀即成。

性质与用途：本产品为高质量浓缩物，相凝聚温度大于 60℃，pH 值为 13.3。

配方 39　碱性水基型金属清洗剂

组　分	配比(质量份)	组　分	配比(质量份)
月桂酰二乙醇胺	4.5	焦磷酸钾	2.4
辛基酚聚氧乙烯(10)醚	4	氢氧化钾	1.6
椰油酰两性基二丙酸二钠	4	去离子水	80
氨三乙酸三钠	3.5		

制备方法：将各组分加入去离子水中，加热至 40~50℃，混合至均匀即成。

性质与用途：本产品显碱性，适用于金属表面油污、油脂、蜡垢的清洗。

配方 40　水基型金属除油清洗剂

组　分	配比(质量份)	组　分	配比(质量份)
椰油酰两性基二丙酸二钠	5	碳酸钠	2
丁基纤维素	10	去离子水	83

制备方法：将各组分加入去离子水中，加热至 40~50℃，混合至均匀即成。

性质与用途：本产品显碱性，适用于金属表面油污、油脂、蜡垢的清洗。

配方41　温和型水基金属清洗剂

组　分	配比(质量份)	组　分	配比(质量份)
壬基酚聚氧乙烯醚	9.5	焦磷酸钾	3.8
椰油酰两性基二丙酸二钠	5.5	五水偏硅酸钠	3.8
丁基纤维素	3.8	去离子水	81.6

制备方法：将各组分加入去离子水中，加热至40～50℃，混合至均匀即成。

性质与用途：本产品显碱性，适用于金属表面油污、油脂、蜡垢的清洗。

配方42　水基型工业脱脂剂

组　分	配比(质量份)	组　分	配比(质量份)
壬基聚氧乙烯(9)醚	2	焦磷酸钾	6
十二烷基苯磺酸	1.2	氢氧化钠	0.5
烯基磺酸钠	3	乙二醇丁醚	4
五水偏硅酸钠	3	去离子水	80.3

制备方法：将壬基聚氧乙烯(9)醚、十二烷基苯磺酸和烯基磺酸钠加入去离子水中，搅拌至溶解，再加入其余组分，混合至均匀即成。

性质与用途：本产品适用于浸泡发动机部件，也是极好的车库地面清洗剂、水基金属脱脂剂。

配方43　新型水基型工业脱脂剂

组　分	配比(质量份)	组　分	配比(质量份)
壬基酚聚氧乙烯(9)醚	3	乙二胺四乙酸	2
己基二苯醚二磺酸钠	1	二丙二醇单甲醚	5
柠檬酸钠	5	去离子水	84

制备方法：将乙二胺四乙酸、柠檬酸钠和己基二苯醚二磺酸钠溶于去离子水中，再依次加入二丙二醇单甲醚和壬基酚聚氧乙烯(9)醚，混合至均匀透明即成。

性质与用途：本产品显中性、易清洗，适用于工业机械的清洗。

配方44　容器清洗剂

组　分	配比(质量份)	组　分	配比(质量份)
$C_9 \sim C_{11}$脂肪醇聚氧乙烯(8)醚	4.5	氢氧化钾(45%)	10
$C_9 \sim C_{11}$脂肪醇聚氧乙烯(3)醚	0.5	乙二胺四乙酸	1.9
二甲苯磺酸钠(40%)	7	去离子水	61.1
硅酸钾(29.1%)	15		

制备方法：将$C_9 \sim C_{11}$脂肪醇聚氧乙烯(8)醚和$C_9 \sim C_{11}$脂肪醇聚氧乙烯(3)醚加入去离子水中，搅拌至溶解，再加入其余组分，混合至均匀即成。

性质与用途：本产品pH值为13.5，相凝聚温度大于74℃，适用于浸泡罐。

配方45　燃油罐清洗剂

组　分	配比(质量份)	组　分	配比(质量份)
$C_9 \sim C_{11}$脂肪醇聚氧乙烯(6)醚	4.3	五水偏硅酸钠	2
$C_{12} \sim C_{15}$脂肪醇聚氧乙烯(3)醚	1.4	焦磷酸钾	1.4
$C_{14} \sim C_{15}$脂肪醇聚氧乙烯(7)醚	2.9	去离子水	82
二甲苯磺酸钠(40%)	6		

制备方法：将 $C_9 \sim C_{11}$ 脂肪醇聚氧乙烯(6)醚、$C_{12} \sim C_{15}$ 脂肪醇聚氧乙烯(3)醚和 $C_{14} \sim C_{15}$ 脂肪醇聚氧乙烯(7)醚加入去离子水中，搅拌至溶解，再加入其余组分，混合至均匀即成。

性质与用途：本产品 pH 值大于 12，相凝聚温度约 55℃，适用于清洗燃油罐。

配方 46　金属零部件清洗剂

组　　分	配比(质量份)	组　　分	配比(质量份)
蔗糖单十四烷酸酯	12	柠檬酸钠	5
聚乙二醇十八醚	10	羧甲基纤维素钠	0.5
石油磺酸三乙醇胺盐	4	丙二醇	3
葡萄糖酸钠	5	去离子水	60.5

制备方法：将羧甲基纤维素钠溶于少量去离子水中；将蔗糖单十四烷酸酯、聚乙二醇十八醚和石油磺酸三乙醇胺盐加入余量去离子水中，混合至溶解，再加入葡萄糖酸钠、柠檬酸钠和丙二醇，混合至溶解，最后加入前述羧甲基纤维素钠溶液，混合至均匀即成。

性质与用途：本产品易于生物降解，可用于喷射清洗钢材和金属零部件。

配方 47　工业用超声清洗剂

组　　分	配比(质量份)	组　　分	配比(质量份)
椰油酰两性基二乙酸二钠	3	二丙二醇单甲醚	8
$C_9 \sim C_{11}$ 脂肪醇聚氧乙烯(6)醚	3	去离子水	86

制备方法：依次将椰油酰两性基二丙酸二钠、$C_9 \sim C_{11}$ 脂肪醇聚氧乙烯(6)醚和二丙二醇单甲醚加入去离子水中，充分混合至均匀透明即成。

性质与用途：本产品低泡，适用于金属零部件的超声清洗。

配方 48　浓缩型工业清洗剂

组　　分	配比(质量份)	组　　分	配比(质量份)
甘油聚氧丙烯聚氧乙烯醚	20	三乙胺	10
十二硫醇聚氧乙烯醚	20	去离子水	50

制备方法：将甘油聚氧丙烯聚氧乙烯醚加入去离子水中，升温至 65℃，搅拌至溶解，冷却至室温后，再加入其余组分，搅拌至均匀即成。

性质与用途：本产品为水基型高浓度清洗剂，加水稀释后可浸泡或喷射使用。

3.5　其他金属清洗剂

铝清洗剂用于铝、铸铝的清洗、洗白和抛光，由酸性物质、碱性物质、缓蚀剂及其他多种表面活性剂与除油助剂复配而成。

配方 49　铝制品碱性清洗剂

组　　分	配比（质量份）	组　　分	配比（质量份）
椰油酰两性基二丙酸二钠	7.5	去离子水	88
五水偏硅酸钠	4.5		

制备方法：各组分加入去离子水中，加热至 50℃，混合至均匀即成。

性质与用途：本产品显弱碱性，适用于铝制品的清洗。

配方 50　铝制品碱性防腐蚀清洗剂

组　　分	配比（质量份）	组　　分	配比（质量份）
烷基聚葡糖苷（TRITON™ BG-10）	5	无水偏硅酸钠	3
烷基萘磺酸钠	3	二丙二醇单甲醚	5
焦磷酸钾	3	去离子水	81

制备方法：将焦磷酸钾和无水偏硅酸钠加入去离子水中，搅拌至溶解，再依次加入二丙二醇单甲醚、烷基萘磺酸钠和 TRITON™ BG-10，确认前一组分充分溶解后再加入下一组分，混合至均匀即成。

性质与用途：本产品中烷基萘磺酸钠和 TRITON™ BG-10 的配合使用，可以减少碱性对铝的损伤。

配方 51　铝制品碱性低泡清洗剂

组　　分	配比（质量份）	组　　分	配比（质量份）
烷基烷氧基醚脂肪酸钾（Mona NF-10）	10	无水偏硅酸钠	10
焦磷酸钾	5	去离子水	75

制备方法：将焦磷酸钾和无水偏硅酸钠加入去离子水中，搅拌至溶解，再加入 Mona NF-10，混合至均匀即成。

性质与用途：本产品提供良好清洗性能的同时，可以保护铝。本产品低泡，也可用于喷射。

配方 52　铝制品酸性清洗剂

组　　分	配比（质量份）	组　　分	配比（质量份）
月桂亚氨基二丙酸二钠	12	盐酸（37%）	30
磷酸（85%）	30	去离子水	28

制备方法：良好搅拌下，依次将磷酸和盐酸缓慢加入去离子水中，再加入月桂亚氨基二丙酸二钠，混合至均匀即成。

性质与用途：本产品为水白色透明液体，用水稀释 30 倍（体积）后使用，清洗时可产生丰富的泡沫，以减轻酸性对铝材质的腐蚀。

配方 53　铝制品酸性除锈清洗剂

组　　分	配比（质量份）	组　　分	配比（质量份）
松油	10	磷酸（85%）	30
乙二醇丁醚	17	去离子水	35
异辛基苯氧基聚乙氧基乙醇	8		

制备方法：将松油、异辛基苯氧基聚乙氧基乙醇和乙二醇丁醚混合均匀，得油相；将磷酸缓慢加入到去离子水中，得水相；良好搅拌下，将油相缓慢加入水相，混合至均匀即成。

性质与用途：本产品可以除去铝制品表面的锈斑，具有良好的洗净和增白效果。

配方54　铝制品酸性增亮清洗剂

组　　分	配比(质量份)	组　　分	配比(质量份)
$C_9 \sim C_{11}$脂肪醇聚氧乙烯(8)醚	4.5	柠檬酸	5.5
羟基亚乙基二磷酸	2	乙二醇丁醚	5.5
磷酸(85%)	4.5	去离子水	88

制备方法：良好搅拌下，将磷酸和柠檬酸缓慢加入去离子水中，再依次加入其余组分，混合至均匀透明即成。

性质与用途：本产品使用后可增加铝材质的光亮度。

配方55　温和型铝制品酸性清洗剂

组　　分	配比(质量份)	组　　分	配比(质量份)
改性脂肪醇聚氧丙烯聚乙烯醚（TRITON™ DF-12）	2.5	乙二醇丁醚	5
		去离子水	82.5
甘醇酸(70%)	10		

制备方法：良好搅拌下，将甘醇酸缓缓加入去离子水中，再加入乙二醇丁醚和 TRITON™ DF-12，混合至均匀即成。

性质与用途：本产品在低温下低泡，推荐用于铝制品。

铜清洗剂不但用于清洗铜表面的油垢和水垢等，还需清除铜表面氧化皮及表面光亮处理。

配方56　铜制品清洗剂

组　　分	配比(质量份)	组　　分	配比(质量份)
壬基酚聚氧乙烯醚	0.7	碳酸钠	1.3
磷酸三钠	5	去离子水	90
无水偏硅酸钠	3		

制备方法：将各组分加入去离子水中，混合至均匀即成。

性质与用途：本产品适用于浸泡清洗黄铜材质的机械零件，使用温度为80～95℃。

配方57　铜制品擦洗剂

组　　分	配比(质量份)	组　　分	配比(质量份)
高闪点石油脑	30	苯并三唑	0.2
油酸	8	硅藻土	15
椰子油脂肪酸二乙醇酰胺	1.5	天然绿陶土	1.3
氨水	1	去离子水	43

制备方法：将苯并三唑溶于去离子水，在高速搅拌下依次缓慢加入天然绿陶土、硅藻土和氨水，混合至均匀得混合物；将油酸与椰子油脂肪酸二乙醇酰胺加入高闪点石油脑中，混合至均匀得油相；将油相加入到前述混合物中，混合至均匀，最终得到乳状产品。

性质与用途：本产品适用于紫铜和黄铜材质表面的擦洗和上光。取少量本产品于湿润擦布，适度擦拭清洗器件后用水冲洗，并及时用洁净的抹布擦干。

配方 58　铜制品除锈防锈清洗剂

组　　分	配比(质量份)	组　　分	配比(质量份)
2-氨乙基硫醇	0.5	丙烯酸酯	0.05
巯基乙酸	0.5	去离子水	98.9
丙烯酰胺	0.05		

制备方法：将各组分加入去离子水中，混合至均匀即成。

性质与用途：本产品用于铜制品的浸泡清洗，亦可适当加热。本剂不含无机酸碱，对金属腐蚀性极小，并具有清除铜锈的功能，除锈后不需用清水冲洗，自然风干后可生成薄膜防止铜表面再次氧化。

配方 59　铜制品光亮清洗剂

组　　分	配比(质量份)	组　　分	配比(质量份)
椰油酰两性基二丙酸二钠	7	去离子水	51
葡萄糖酸(50%)	42		

制备方法：将各组分加入去离子水中，混合至均匀即成。

性质与用途：本产品为黄色液体，在提供良好清洗和上光效果的同时，具有一定的保护作用。

配方 60　铜表面除漆剂

组　　分	配比(质量份)	组　　分	配比(质量份)
甲酸	30	甲基纤维素	1.5
苯酚	9.5	信那水	28
石蜡	1	氯仿	28

制备方法：将石蜡溶于氯仿中，然后加入信那水和甲酸，最后加入苯酚和甲基纤维素，确认每一组分充分溶解后再加入下一组分，加料完毕后继续搅拌半小时即成，混合容器需密闭。

性质与用途：本产品可在常温下作为除锈剂使用，并能很好地吸附在漆层上，对铜制品无任何腐蚀作用，可用于工业铜设备上的旧漆去除，也适用于清除漆包线上的漆膜，清除漆膜后不需再进行清洗。

不锈钢清洗剂主要用于去除不锈钢器具表面的抛光蜡、冲压油等油污，以及氧化物、黄斑等污迹，还具有光亮效果。

配方 61　碱性不锈钢清洗剂

组　分	配比(质量份)	组　分	配比(质量份)
碳酸钠	4	十二烷基磺基甜菜碱	6
偏硅酸钠	3	十二烷基二甲基氧化胺	6
明胶	2.5	水	加至100
苯并三氮唑	5.5	0.1%硫酸	调 pH 值至7~7.5

制备方法：将碳酸钠、偏硅酸钠和明胶加入水中，加热至 40℃，搅拌至溶解，再在常温下加入其余组分，混合至均匀，最后用 0.1% 硫酸调 pH 值至 7~7.5，即成。

性质与用途：本产品适用于不锈钢材质的浸泡清洗，尤其适合不锈钢管内的循环水使用，能够有效去除不锈钢管内残余的固结污垢，还能有效抑制不锈钢罐内壁滋生青苔和微生物。

配方 62　不锈钢清洗剂

组　分	配比(质量份)	组　分	配比(质量份)
焦磷酸钠	8	十二烷基磺酸钠	3.5
三聚磷酸钠	7	壬基酚聚氧乙烯醚	7
明胶	2	辛基苯酚聚氧乙烯醚	3.2
三乙醇胺	3.5	水	加至100
异构十三醇聚氧乙烯醚	6	0.1%氢氧化钠	调 pH 值至8~9

制备方法：将焦磷酸钠、三聚磷酸钠、明胶和三乙醇胺加入水中，搅拌至溶解，再依次加入异构十三醇聚氧乙烯醚、十二烷基磺酸钠、壬基酚聚氧乙烯醚和辛基苯酚聚氧乙烯醚，确认前一组分充分溶解后再加入下一组分，最后用 0.1% 氢氧化钠调 pH 值至 8~9，即成。

性质与用途：本产品适用于不锈钢制品的超声清洗，能去除不锈钢表面的重油污。

配方 63　碱性不锈钢除油清洗剂

组　分	配比(质量份)	组　分	配比(质量份)
氢氧化钠(50%)	18	烷基二苯醚二磺酸钠(DOWFAX)	2
葡萄糖酸钠	2	去离子水	73
丙二醇单甲醚	5		

制备方法：将各组分加入去离子水中，混合至均匀即成。

性质与用途：本产品能够除去不锈钢表面油垢，且不腐蚀不锈钢材质的表面。

配方 64　磷酸不锈钢清洗剂

组　分	配比(质量份)	组　分	配比(质量份)
磷酸(85%)	3	烷基二苯醚二磺酸钠(DOWFAX)	2
柠檬酸	4	去离子水	88
丙二醇单甲醚	3		

制备方法：将磷酸和柠檬酸缓缓加入去离子水中，然后依次加入丙二醇单甲醚和 DOWFAX，加入下一组分前须确认前一组分已经完全溶解。

性质与用途：本产品去污性能好，可有效去除不锈钢制品上的污垢，使其保持清洁光亮，对不锈钢无腐蚀性。

配方 65　硝酸不锈钢清洗剂

组　　分	配比(质量份)	组　　分	配比(质量份)
硝酸	6.5	苯并三唑	0.5
氢氟酸	4	羧甲基纤维素	1
月桂酸二乙醇酰胺	7.5	柠檬酸	4
油酸三乙醇胺	17.5	水	加至 100

制备方法：良好搅拌下，将硝酸和氢氟酸缓慢加入水中，再依次加入月桂酸二乙醇酰胺、油酸三乙醇胺、苯并三唑和羧甲基纤维素，确认前一组分充分溶解后再加入下一组分，最后加入柠檬酸，混合至均匀即成。

性质与用途：本产品在实际使用时能很方便地将不锈钢表面污垢清洗干净，显著提高清洗效率。

配方 66　复合酸不锈钢清洗剂

组　　分	配比(质量份)	组　　分	配比(质量份)
硫代硫酸钠	9.5	乙酸钠	10
柠檬酸	2.5	酒石酸	9.5
草酸	0.7	六亚甲基四胺	3
钼酸钠	0.8	水	加至 100

制备方法：将各组分依次加入水中，混合至均匀即成。本产品在常温下既能清洗不锈钢材料，又不腐蚀金属表面，对人体无害且不污染环境。

性质与用途：本产品中添加六亚甲基四胺，可以提高清洗剂的清洗效果，显著增效无机酸对油污的去除能力，降低清洗剂的使用量，使本剂在不添加强酸的同时，可以达到与强酸几乎一致的清洁效果。

配方 67　不锈钢护理清洗剂

组　　分	配比(质量份)	组　　分	配比(质量份)
木质素磺酸钠	11	脂肪醇聚氧乙烯醚	2.3
羧甲基纤维素钠	3	壬基酚聚氧乙烯醚	1.6
聚乙烯醇	3	脂肪酸甲酯乙氧基化物	1.1
六偏磷酸钠	8	去离子水	加至 100

制备方法：将羧甲基纤维素钠加入去离子水中，加热至 50℃，搅拌至溶解，再加入木质素磺酸钠和六偏磷酸钠，加热至 70℃，搅拌至溶解，然后加入脂肪醇聚氧乙烯醚、壬基酚聚氧乙烯醚、脂肪酸甲酯乙氧基化物和聚乙烯醇，搅拌至溶解，加入温度降至 65℃，保温搅拌 2h，即成。

性质与用途：本产品加自来水稀释 300～350 倍，用于不锈钢的护理和清洗，去污快速，去污率高，防止生锈，可延长不锈钢的使用寿命。

3.6 塑料橡胶清洗剂

　　塑料和橡胶都属于高分子聚合物，具有疏水性的表面，易被黏性污垢污染，与油性污垢的结合较牢。塑料清洗剂有两大类：一类只含少量表面活性剂作为去污活性组分，同时加入磨料及丙烯酸填料、抗静电剂等。其中，磨料用于擦亮塑料表面和修补细小刮痕；抗静电剂可以避免因静电而引起再污染。另一类则以表面活性剂为主要成分，如烷基磺酸钠、脂肪醇聚氧乙烯醚，不含磨料，同样具有良好的去污性；可加入苄基型季铵盐，使处理后的表面具有抗再吸附的能力；为增加塑料表面光泽，还可加入二甲基硅油等聚硅氧烷表面活性剂，使洗后表面迅速恢复原有光泽。

　　橡胶清洗剂一般只含有少量的表面活性剂，通常是咪唑啉甜菜碱类两性表面活性剂。清洗剂中还加入硅油等抗静电剂和丙二醇单甲醚等溶剂。硅油可以使聚合物产生良好的光泽，一般用量为 20%～30%。溶剂有助于清洗高分子聚合物疏水表面的污垢，尤其是橡胶表面的油污及氧化物类污垢。为去除橡胶异味，橡胶清洗剂中也常加入除臭剂。

配方68　塑料清洗剂

组　　分	配比(质量份)	组　　分	配比(质量份)
聚二甲基硅氧烷	5	丙烯酸树脂聚合物	0.2
油酸	2	溶剂油	20
吗啉	1	水	加至100
聚乙二醇(16)树脂酸酯	2		

　　制备方法：将聚二甲基硅氧烷和油酸溶解在溶剂油中，得油相；中速搅拌下将吗啉和聚乙二醇（16）树脂酸酯溶解于一半水中；把丙烯酸树脂聚合物分散在余量的水中，得水分散体；充分搅拌下，将油相加入水溶液中，最后加入水分散体，混合至均匀即成。

　　性质与用途：本产品适用于清洗塑料制品，能够去除塑料表面的油污，增加塑料表面光泽。

配方69　粉剂型塑料清洗剂

组　　分	配比(质量份)	组　　分	配比(质量份)
十二烷基苯磺酸钠	13.6	硫酸钠	4.5
硅酸钠	4.5	三聚磷酸钠	27.4
碳酸钠	18.2	高硼酸钠水合物	31.8

　　制备方法：将硅酸钠、碳酸钠、硫酸钠、三聚磷酸钠和高硼酸钠水合物混合，搅拌至均匀，最后加入十二烷基苯磺酸钠，混合至呈自由流动的粉末即成。

性质与用途：取少量本产品溶于水中，即可用于清洗塑料制品，可以擦亮塑料表面和修补细小刮痕。

配方70 可弯曲塑料表面清洗剂

组　分	配比(质量份)	组　分	配比(质量份)
椰子油脂肪酸二乙醇酰胺	3	碳酸钙	20
十二烷基苯磺酸钠	3	水	加至100
氢氧化铝	30		

制备方法：将椰子油脂肪酸二乙醇酰胺和十二烷基苯磺酸钠溶于水中，搅拌至溶解，再加入其余组分，混合至均匀即成。

性质与用途：本产品用于清洗可弯曲的塑料表面，去油污能力强，且能维持表面光泽。

配方71 膏剂型塑料清洗剂

组　分	配比(质量份)	组　分	配比(质量份)
脂肪醇聚氧乙烯醚(AEO-9)	10	亚硫酸钠	0.8
硅酸钠	25	丙二醇丁醚	9
滑石粉	21	水	加至100
淀粉	5		

制备方法：将淀粉加入少量水中，得淀粉水溶液；将硅酸钠加入余量的水中，加热至80℃，搅拌至溶解，再加入丙二醇丁醚、滑石粉、AEO-9和亚硫酸钠，搅拌至溶解，最后加入前述淀粉水溶液，混合至呈细腻的膏状，即成。

性质与用途：本产品为膏状，可用于塑料制品的擦洗，可去除塑料表面油污，增加光泽度，修补细小刮痕。

配方72 塑料光亮清洗剂

组　分	配比(质量份)	组　分	配比(质量份)
十六醇聚氧乙烯(12)醚	0.3	硅油(350mPa·s)	0.2
月桂醇聚氧乙烯(8)醚	0.5	二乙二醇丁醚	6
α-烯基磺酸钠	4	乙二醇丁醚	6
三聚磷酸钠	2	水	加至100

制备方法：将十六醇聚氧乙烯(12)醚、月桂醇聚氧乙烯(8)醚和α-烯基磺酸钠加入水中，搅拌至溶解，再依次加入其余组分，混合至均匀即成。

性质与用途：本产品适用于塑料制品的清洗，清洗后能够迅速恢复表面光泽。

配方73 塑料用消毒洗涤剂

组　分	配比(质量份)	组　分	配比(质量份)
烷基聚氧乙烯醚(Emulgen120)	1	三聚磷酸钠	30
二氯异氰尿酸钠	1	聚丙烯酸	2
氢氧化钾	40	硫酸钠	26

制备方法：将 Emulgen120 喷在硫酸钠上，再加入其余组分，混合至呈自由流动的粉末，即成。

性质与用途：本产品低泡，能去除聚乙烯容器上的污垢和细菌。

配方 74　塑料布重油清洗剂

组　　分	配比(质量份)	组　　分	配比(质量份)
$C_{10}\sim C_{16}$ 脂肪醇聚氧乙烯醚	27.4	乙醇	0.2
聚乙二醇(分子量 600)	6.7	水	至 100
二乙醇胺	13.4		

制备方法：将各组分依次加入水中，混合至均匀即成。

性质与用途：本产品适用于塑料布表面重油污的清洗，可用于喷射。

配方 75　塑料制品超声清洗剂

组　　分	配比(质量份)	组　　分	配比(质量份)
十二烷基聚氧乙烯醚硫酸钠	13	乙醇	3
十二烷基二甲基氨基乙酸甜菜碱	2	水	至 100
十二烷基二甲基氧化胺	3		

制备方法：将各组分依次加入水中，混合至均匀即成。

性质与用途：本产品适用于塑料制品的浸泡清洗和超声清洗，具有良好的脱脂和抗再吸附效果。

配方 76　塑料制品消毒清洗剂

组　　分	配比(质量份)	组　　分	配比(质量份)
烷基多苷	5	辛酸单乙醇胺	0.2
二癸基二甲基氯化铵	5	水	至 100

制备方法：将各组分依次加入水中，混合至均匀即成。

性质与用途：本产品适用于塑料表面的脱脂清洗，具有良好的清洗和消毒性能，且对塑料不腐蚀和无损害。

配方 77　去除树脂污垢的清洗剂

组　　分	配比(质量份)	组　　分	配比(质量份)
乙苯	45	氢氧化钠	5
聚乙二醇甲乙醚	35	水	15

制备方法：高速搅拌下，将各组分混合至均匀即成。

本产品为白色乳状液，可以使硬表面上的树脂污垢溶胀，并易于除去。

配方 78　橡胶扶手清洗剂

组　　分	配比(质量份)	组　　分	配比(质量份)
二甲基硅油(黏度 800~1200mPa·s)	25	羧基甜菜碱	3
脂肪酰胺乙氧基化物	2	水	至 100
十二烷基苯磺酸钠	5		

制备方法：高速搅拌下，将各组分混合至均匀，得白色乳液状液即成。

性质与用途：本产品适于清洗载人电梯等的橡胶扶手，可在 30s 内擦洗干净，恢复原有光泽，而不损伤橡胶表面。

配方 79　橡胶垫清洗剂

组　　分	配比(质量份)	组　　分	配比(质量份)
妥尔油脂肪酸	6	三聚磷酸钠	1
三乙醇胺	3	水	86
乙二醇单甲醚	4		

制备方法：将三聚磷酸钠加入水中，搅拌至溶解，得水溶液；将妥尔油脂肪酸、三乙醇胺和乙二醇单甲醚混合至均匀后，加入前述水溶液中，混合至均匀即成。

性质与用途：本产品适用于橡胶垫的清洗，有助于恢复橡胶的弹性和密封效果。

配方 80　橡胶/塑料防护剂

组　　分	配比(质量份)	组　　分	配比(质量份)
聚丙烯酸乳化剂(Pemulen® 1622)	0.20	硅油(DC Q2-5211)	0.50
硅油(350mm²/s)	16.00	三乙醇胺	0.25
硅油(5000mm²/s)	4.00	聚丙烯酸(Dood-Rite® K-752)	0.50
硅油(DC 1403 Fluid)	2.00	去离子水	加至 100

制备方法：将聚丙烯酸乳化剂分散于去离子水中，搅拌（800r/min），混合至均匀，再依次加入各硅油和三乙醇胺，降低搅拌速度，加入聚丙烯酸，添加过程中，体系黏度从约 3000mPa·s 降低到小于 200mPa·s，最后按需用三乙醇胺调整 pH 值和加入染料、香精，即成。

性质与用途：本产品适用于塑料、橡胶等高分子聚合物的清洗和防护，不但能去除一般性污垢，还可以维持材料表面的光泽，能够抑制再次沾染污垢，还可能防止材料老化。

3.7　锅炉和冷却设备清洗剂

锅炉和冷却水系统的主要污垢组成是碳酸钙、碳酸镁，它们是因硬水中所含的碳酸氢钙和碳酸氢镁在加热时二氧化碳逸出，形成在水中溶解度小的碳酸钙和碳酸镁，沉积于锅炉底和壁。此外还有一些杂质与碳酸钙和碳酸镁一起共沉淀而混于锅炉垢中。

水垢易于用酸除去。因此，清除锅炉垢用的清洗剂通常为酸性。为防止酸对容器内壁金属材质的腐蚀，往往需要加入缓蚀剂。

配方 81　锅炉酸性清洗剂

组　分	配比(质量份)	组　分	配比(质量份)
盐酸	2	水	97.6
二邻甲苯硫脲	0.4		

制备方法：将盐酸缓缓加入搅拌的水中，再加入二邻甲苯硫脲，混合至均匀即成。

性质与用途：本产品的使用温度为（65±5）℃，循环时间为 2～3h，流速 0.5m/s。直到洗液中铁含量和酸度恒定不变时，即可结束酸洗。

配方 82　锅炉防腐蚀清洗剂

组　分	配比(质量份)	组　分	配比(质量份)
盐酸	15	缓蚀剂(LAN-826)	0.3
氟化铵	1.7	水	82.4
脂肪醇聚氧乙烯(9)醚	0.6		

制备方法：将盐酸缓缓加入搅拌的水中，再加入氟化铵、脂肪醇聚氧乙烯(9)醚和缓蚀剂，混合至均匀透明即成。

性质与用途：本产品可清洗除去各种成分的水垢，如钙垢，镁的硅酸盐、碳酸盐、硫酸盐、氧化物，氧化铁，油脂等。对各种金属（如钢、铁、铜、铝、不锈钢）的缓蚀效率都在 99.5% 以上。

配方 83　锅炉有机酸清洗剂

组　分	配比(质量份)	组　分	配比(质量份)
氨基磺酸	50	缓蚀剂(LAN-826)	3
柠檬酸铵	30	水	12
脂肪醇聚氧乙烯(9)醚	5		

制备方法：将各组分加入水中，混合至均匀即成。

性质与用途：本产品能够迅速去除石灰石结垢物，且对各种金属都具有良好的缓蚀作用。

配方 84　锅炉不停车清洗剂

组　分	配比(质量份)	组　分	配比(质量份)
盐酸(36%)	10	咪唑啉类季铵盐(缓蚀剂 IS-156)	0.3
氟化钠	0.1	水	89.5
硫脲	0.1		

制备方法：将盐酸缓缓加入搅拌的水中，再加入其他组分，混合至均匀即成。

性质与用途：本产品能够快速去除金属表面的水垢和部分硅垢，亦能去除金属表面的锈垢、钢垢等氧化皮和焊渣，清洗温度（55±5）℃，可进行不停车清洗和连续酸洗作业，缓蚀效率达 97% 以上。

配方 85　锅炉硝酸清洗剂

组　　分	配比(质量份)	组　　分	配比(质量份)
乌洛托品	0.3	苯胺	0.1
硅氰酸钠	0.1	硝酸溶液(5%~14%)	99.5

制备方法：硝酸溶液的浓度可根据设备的结垢厚度来调整，一般地，结垢 1~2mm 时用 5%~7% 硝酸溶液；结垢 3~5mm 时用 7%~10% 硝酸溶液；结垢大于 5mm 时用 10%~14% 硝酸溶液。在选定的硝酸溶液中，按配方加入其他组分，混合至溶解即成。

性质与用途：本产品能快速去除附着在金属表面的水垢，对于碳钢、紫铜、黄铜、不锈钢焊接的设备均具有缓蚀作用，缓蚀效率达 95% 以上，适用于工业冷却设备的水垢清洗和化工生产装置（如反应器夹套、蛇管、冷凝器等）的水垢清除。

配方 86　新型无应力锅炉清洗剂

组　　分	配比(质量份)	组　　分	配比(质量份)
2-膦酸丁烷-1,2,4-三羧酸(PBTCA)	5	水	94.7
缓蚀剂(LAN-826)	0.3		

制备方法：将各组分加入水中，混合至均匀即成。

性质与用途：锅炉管道除垢可以选择含盐酸的清洗剂，但会因产生气体而产生应力（特别对不锈钢），则在升温后效果变差。本产品使用方便、安全，适用于不锈钢，可以边运转边清洗，40℃ 以上时清洗效果更好。

配方 87　工业冷却设备高效清洗剂

组　　分	配比(质量份)	组　　分	配比(质量份)
琥珀酸二(2-乙基己酯)磺酸钠	18	乙醇	2
异丙醇	30	水	50

制备方法：将各组分加入水中，混合至均匀即成。

性质与用途：本产品用水稀释 2000 倍（体积）后使用，循环水的 pH 值控制在 6~6.5。

配方 88　工业冷却设备防腐蚀清洗剂

组　　分	配比(质量份)	组　　分	配比(质量份)
六偏磷酸钠	30	异丙醇	1.2
乙二胺四亚甲基膦酸溶液(30%)	8	乙醇	0.08
顺丁烯二酸二仲辛酯磺酸钠溶液(30%)	0.32	水	加至 100

制备方法：将各组分依次加入水中，混合至均匀即成。

性质与用途：本产品用水稀释 100 倍（体积）后使用。

配方89　工业冷却设备复合酸清洗剂

组　分	配比（质量份）	组　分	配比（质量份）
甲酸	7	乙醛	10
磷酸	5	聚氧乙烯聚氧丙烯十八醇醚（SP 169）	0.5
乙酸	20	水	58.5

制备方法：将各组分依次加入水中，混合至均匀即成。

性质与用途：将本产品灌入冷却器内，室温下浸泡12～16h后放出浸泡液，再用自来水冲洗，可大大提高冷却器的换热效率。

配方90　硅垢清洗剂

组　分	配比（质量份）	组　分	配比（质量份）
酸性氟化铵	5	壬基酚聚氧乙烯醚	1
过氧化氢	3	水	91

制备方法：将各组分依次加入水中，混合至均匀即成。

性质与用途：本产品可以去除一般酸性清洗剂无法清洗的致密坚硬的硅垢。

配方91　铝翅片冷换设备复合酸清洗剂

组　分	配比（质量份）	组　分	配比（质量份）
硝酸	2	脂肪醇聚氧乙烯醚	2
硫酸	4	乙二醇	0.2
磷酸	3	缓蚀剂（LAN-826）	0.3
过氧化氢	1	水	至100

制备方法：良好搅拌下，将硝酸、硫酸、磷酸依次缓慢加入水中，再加入其余组分，混合至均匀即成。

性质与用途：本产品适用于清洗沉积有水垢和油垢的铝翅片。

配方92　中央空调器复合酸清洗剂

组　分	配比（质量份）	组　分	配比（质量份）
氨基磺酸	5	壬基酚聚氧乙烯醚	0.5
硝酸	5	缓蚀剂（LAN-826）	0.3
重铬酸钾	0.2	水	89

制备方法：良好搅拌下，将硝酸与氨基磺酸缓慢加入水中，再依次加入其余组分，确认每一组分溶解后再加入下一组分，最终混合至均匀即成。

性质与用途：本产品适用于铝材制作的翅片式冷换设备的清洗，如宾馆、办公楼的中央空调器的清洗。因铝翅片表面接触环境大气，易于积油腻、尘垢、水垢、烟垢，形成较大的热阻，降低了冷却作用，为了维持正常运行和延长使用寿命，应该定期清洗。

配方 93　铝翅片冷换设备碱性清洗剂

组　　分	配比（质量份）	组　　分	配比（质量份）
氢氧化钠	5	脂肪醇聚氧乙烯醚	3
硅酸钠	10	水	78
十二烷基苯磺酸钠	4		

制备方法：将各组分依次加入水中，混合至均匀即成。

性质与用途：本产品特别适合于清洗油垢、尘垢及烟垢较重的铝翅片。

配方 94　铝翅片冷换设备中性清洗剂

组　　分	配比（质量份）	组　　分	配比（质量份）
柠檬酸	2	脂肪醇聚氧乙烯醚	0.3
草酸	2	缓蚀剂（LAN-826）	0.3
乙二胺四乙酸四钠	2	氨水	适量
三乙醇胺	0.5		（调 pH 值至 7）
十二烷基苯磺酸钠	0.5	水	至 100

制备方法：良好搅拌下，将草酸与柠檬酸缓慢加入水中，再依次加入十二烷基苯磺酸钠、脂肪醇聚氧乙烯醚、乙二胺四乙酸四钠、缓蚀剂和三乙醇胺，混合至均匀，最后用氨水调整 pH 值至中性，即成。

性质与用途：本产品特别适合于需要安全清洗的设备和地点，去除油垢、尘垢和烟垢，效果显著。

第 **4** 章
电子工业用清洗剂

随着电子行业的迅速发展，集成电路作为信息产业群的核心和基础，其市场正在蓬勃发展。作为集成电路生产过程中重要消耗材料之一的清洗剂，亦有着巨大的市场。

传统电子清洗行业广泛使用破坏臭氧层的物质，如三氟三氯乙烷（CFC-113）和1,1,1-三氯乙烷等，随着《中国清洗行业 ODS 整体淘汰计划》的实施，这类清洗剂正在逐步被淘汰。清洗行业开始使用 ODS 替代清洗剂，常使用有机溶剂，如碳氢清洗剂等，但这类物质仍然存在不安全等问题。环保型水基清洗剂以水为溶剂，以表面活性剂为主要成分，再加上一些助剂配制而成，具有以水代油、节省能源、不危害操作者健康、减少污染、保护环境、使用安全和清洗成本低等一系列优越性，近几年来发展迅速。

在电子工业制造业中，电子元件的组装生产由多个阶段组成，且需要有清洗过程，以保证产品的可靠性和成品率。否则污染颗粒的沾污可能导致电子元件出现许多问题，包括漏电、短路开路、腐蚀锈蚀、检测失效等而造成降级产品和次品。

污染物主要分为三类：①颗粒性残留物，包括粉尘和污物，这些东西会吸附大气环境中的潮气和另外的污物，引起电路板和部件的腐蚀，有些污物还可能聚集在一起，造成电路板短路而成废品。②非极性残留污物，包括油脂、蜡和树脂残留物，这些残留物的特性是绝缘的，虽然它们不会引起短路，但是在潮湿的环境中也会引起腐蚀性等。③极性残留物，包括卤化物、酸和盐，这些污物会降低和影响导体电阻，并导致导线的锈蚀。

在电子工业中，对清洗剂的要求是去污效率高，且不损伤电路及电子器件，而清洗成本不是最重要的因素。

4.1 电路板清洗剂

电路板清洗剂俗称洗板水,是指用于清洗 PCB 印制电路板焊接过后表面残留的助焊剂与松香等污垢的化学工业清洗剂。电路板清洗剂可分为氯化溶剂型、碳氢溶剂型和水基型三种,其中氯化溶剂由于其可能对大气臭氧层破坏,逐渐被淘汰;碳氢溶剂型清洗剂,清洗效果好,干燥快,可蒸馏回收使用,但成本高,且有气味;水基型清洗剂具有环保、安全、无毒、无刺激性气体挥发等特点,但需注意防锈,避免损伤电路板上的金属元件引脚。

配方 1 　电路板抗氧助焊清洗剂

组　　分	配比(质量份)	组　　分	配比(质量份)
脂肪醇聚氧乙烯醚硫酸钠	3～4	1,1,3-三(2-甲基-4-羟基-5-叔丁基苯基)丁烷(抗氧化剂 CA)	2～3
月桂醇醚磷酸酯钾盐	2～3	盐酸	15～17
氯化锌	5～6	硅油	1～15
十六烷基磷酸酯钾	1～2	水	加至100

制备方法:将氯化锌、盐酸加入少量水中,再加入硅油,混合至均匀,然后加入抗氧化剂 CA,混合至溶解,再加入脂肪醇聚氧乙烯醚硫酸钠、月桂醇醚磷酸酯钾盐和十六烷基磷酸酯钾,加热混合至均匀,良好搅拌下缓慢加入余量的水,水量加至约总量的 30% 时,提高搅拌转速,混合均匀后继续搅拌 1.5h,冷却至室温即成。

性质与用途:本产品 pH 值为 1.5～1.8,静置后可自然形成有机相和水相两层,使用前应先搅动,混合均匀后取一定量加水稀释 2 倍(体积)使用。印刷电路板可放入清洗剂中浸泡摇动 10～20s,然后取出并用清水冲洗干净备用。经本产品清洗处理后的电路板,不但去除了表面油污、氧化层及有害离子,而且增加了抗氧化性,还能提高可焊性。

配方 2 　水剂型电路板清洗剂

组　　分	配比(质量份)	组　　分	配比(质量份)
苄基醇聚氧乙烯醚	40	乙醇胺	5
十三烷基聚氧乙烯醚羧酸钠	3	水	50
壬基酚聚氧乙烯醚	2		

制备方法:将各组分依次加入水中,混合至均匀即成。

性质与用途:本产品可替代电子工业中使用的卤代烃清洗剂,能更有效地去除印刷线路板上的焊剂,且对人体、环境无副作用。

配方 3　溶剂型电路板清洗剂

组分	配比(质量份)	
	1#	2#
环己烷	70	—
庚烷	—	65
环己酮	10	8
乙二醇乙醚	8	—
乙二醇丁醚	—	7
异丙醇	10	18.5
添加剂(三乙醇胺和乙酸丁酯混合物)	2	1.5

制备方法：将除添加剂以外的所有组分加入到反应釜内，搅拌混合 30～40min，然后慢慢滴加添加剂，滴加完毕后，再搅拌 10～15min，即成。

性质与用途：本清洗剂不含对大气臭氧层有破坏作用的氟利昂等卤代烃，其烃类物质为环烷烃或是直链烷烃，其极性与 C_1～C_5 醇的极性匹配，与醚类中的—O—键及酮中的—O—键的极性相匹配，添加剂能够提供缓蚀、络合以及表面活性作用，使被清洗电路板不返白，油污去除干净。PCB 电路板的元器件一般是镀锡，偶尔有镀铜的位置，本剂对铜络合物可产生保护性而不腐蚀，不生绿锈。电路板表面的松香与添加剂反应，形成易溶于清洗剂的物质，不会残留在 PCB 表面而显白色。

配方 4　卤代烷型电路板清洗剂

组　分	配比(质量份)	组　分	配比(质量份)
四氯二氟乙烷	93.5	乙酸乙酯	0.2
甲醇钠	6.3		

制备方法：将各组分混合至均匀即成。

性质与用途：本产品适用于清洗玻璃纤维增强的环氧树脂线路板，只需在加热的本产品中浸泡 30～60s，即能有效地去除板上的焊渣。

配方 5　醚型电路板清洗剂

组　分	配比(质量份)	组　分	配比(质量份)
1,2,3,4-四氢萘	15	辛基酚聚氧乙烯醚	85

制备方法：将各组分混合至均匀即成。

性质与用途：本产品在室温下只需 1min 即可除去电路板上的松香和焊剂。

配方 6　混合溶剂型电路板清洗剂

组　分	配比(质量份)	组　分	配比(质量份)
二甲苯	30	异丙醇	37.5
2-羟乙基丁醚	32.5		

制备方法：将各组分混合至均匀即成。

性质与用途：本产品可用于电路板表面焊渣的清洗。

配方 7　酯型电路板清洗剂

组　　分	配比(质量份)	组　　分	配比(质量份)
乙二酸单甲酯	90	壬基酚聚氧乙烯醚	5
月桂醇聚氧乙烯醚	5		

制备方法：将各组分混合至均匀即成。

性质与用途：本产品对印刷线路板上的焊剂有很好的清洗作用。

配方 8　乳酸酯电路板焊药清洗剂

组　　分	配比(质量份)	组　　分	配比(质量份)
乳酸乙酯	95	硝基乙烷	5

制备方法：将各组分混合至均匀即成。

性质与用途：本品对焊药的清洗效果与四氯二氟乙烷与乙醇（96:4）的混合物相同。

配方 9　增效乳酸酯电路板焊药清洗剂

组　　分	配比(质量份)	组　　分	配比(质量份)
乳酸甲酯	85	丙二醇单硬脂酸酯	7
单硬脂酸聚氧乙烯酯	3	十六烷基聚氧乙烯醚	5

制备方法：将各组分混合至均匀即成。

性质与用途：本品对焊药的清洗效果与四氯二氟乙烷与乙醇（96:4）的混合物相同。

配方 10　吡咯烷酮电路板焊药清洗剂

组　　分	配比(质量份)	组　　分	配比(质量份)
N-甲基吡咯烷酮	85	硬脂酸异丙酯	7
单硬脂酸聚氧乙烯酯	3	十六烷基聚氧乙烯醚	5

制备方法：将各组分混合至均匀即成。

性质与用途：本品对焊药的清洗效果与四氯二氟乙烷与乙醇（96:4）的混合物相同。

配方 11　甘油酯电路板焊药清洗剂

组　　分	配比(质量份)	组　　分	配比(质量份)
甘油单乙酸酯	90	壬基酚聚氧乙烯醚	6
月桂醇聚氧乙烯醚	4		

制备方法：将各组分混合至均匀即成。

性质与用途：本品对焊药的清洗效果与四氯二氟乙烷与乙醇（96:4）的混合物相同。

配方 12　可挥发型强力焊药清洗剂

组　　分	配比(质量份)	组　　分	配比(质量份)
异丙醇	81.4	辛烷	18.6

制备方法：将各组分混合至均匀即成。

性质与用途：本产品可迅速去除电路板表面上的松香、焊剂、油污、饰面静电等；且挥发速度快、不留残渣，不会对清洗机、电路板、电子元件等产生腐蚀作用。

配方13 强力焊药清洗剂

组　　分	配比(质量份)	组　　分	配比(质量份)
甲醇聚氧乙烯醚	90	蓖麻油聚氧乙烯醚	10

制备方法：将各组分混合至均匀即成。

性质与用途：本产品可用于松香、焊药的清洗。

配方14 水剂型松香溶剂清洗剂

组　　分	配比(质量份)	组　　分	配比(质量份)
碳酸钠	0.20～0.66	芥酸	0.03～0.10
三聚磷酸钠	1.46～4.82	水	加至100
硅油	0.68～2.24		

制备方法：将碳酸钠和三聚磷酸钠加入水中，搅拌至溶解，再加入硅油和芥酸，混合至均匀即成。

性质与用途：本产品可作为无线电电子仪表上松香溶剂的清洗剂，去污力高，并有防腐性能。

配方15 乳剂型松香溶剂清洗剂

组　　分	配比(质量份)	组　　分	配比(质量份)
1,2,2-三氯乙烷	38～42	异丙醇	16.6
C_{10}～C_{16}脂肪酸钠	3.2～3.8	三乙醇胺	19.8
C_{10}～C_{16}脂肪酸单乙醇酰胺	4.1～4.8	油酸	1.4～1.9
C_{10}～C_{18}脂肪醇聚氧乙烯醚	2.3～2.9	水	加至100

制备方法：将除1,2,2-三氯乙烷外的组分，依次加入水中，搅拌至溶解，最后加入1,2,2-三氯乙烷，混合至均匀即成。

性质与用途：本产品是一种溶解力和稳定性均高的专用清洗剂，可以有效地去除固体表面的松香助溶剂，脱脂效果好。

配方16 无线电子仪器用松香清洗剂

组　　分	配比(质量份)	组　　分	配比(质量份)
三聚磷酸钠	2～3	乙醇	3～5
C_{10}～C_{18}脂肪醇聚氧乙烯醚	2～3	水	加至100
二氯甲烷	3～5		

制备方法：将三聚磷酸钠和C_{10}～C_{18}脂肪醇聚氧乙烯醚加入一半的水中，加热至50～60℃，搅拌至溶解，温度降至20～30℃，良好搅拌下加入预先配好的二氯甲烷、乙醇混合液，最后加入另一半水，混合至均匀即成。

性质与用途：本产品是一种无线电电子仪器松香溶剂的清洗剂。

配方 17　可降解型松香清洗剂

组　分	配比（质量份）	组　分	配比（质量份）
$C_{10} \sim C_{18}$ 脂肪醇聚氧乙烯醚	61	水	加至 100
邻羟基苯甲酸	$0.7 \sim 14.7$		

制备方法：将各组分加入水中，混合至均匀即成。

性质与用途：本产品不含难生物降解的成分，对油状污垢具有很高的去污力，同时能洗脱焊接时残留的松香溶剂，可作无线电器件加工中金属表面油脂和松香污垢清洗剂。

4.2　太阳能硅片清洗剂

硅片不仅应用于半导体和计算机领域，还是光伏产业的基础材料。太阳能作为一种可再生能源，其利用和发展的空间巨大，近年来光伏产业迅速发展，使得太阳能硅片成为了硅片的另一大应用。太阳能硅片生产过程中，有 20% 以上的部分都涉及清洗，整个工艺主要流程为：切片—喷淋冲洗—脱胶—插片—清洗—干燥—检验—包装。

太阳能硅片多采用多线切割技术，此过程中碳化硅磨料切割硅片，会在硅片表面形成有机物沾污和金属离子沾污。金属离子污染物如铜、铁、锌等的残留会影响硅片表面后续氧化生成栅极薄膜的质量，进而造成组件易漏电、成品率低、可靠性差。与此同时，硅片表面氧化、指纹沾污等也会影响其光电转化效率。一定要清洗去除以上表面污染物，同时清洗剂不能破坏硅片的性能。

太阳能硅片清洗剂一般为水基清洗剂，除表面活性剂外，可能还含有氟化物、高分子助剂、金属螯合剂等。

配方 18　喷淋用硅片清洗剂

组　分	配比（质量份）	组　分	配比（质量份）
异丙基苯磺酸钠	13.6	磷酸钾	2
十二烷基苯磺酸钠	3.5	磷酸氢二钾	4
十二烷基胺聚氧乙烯醚	0.5	聚乙二醇-400	0.1
三聚磷酸钾	6	水	69.8
氢氧化钠	0.5		

制备方法：将异丙基苯磺酸钠、十二烷基苯磺酸钠和十二烷基胺聚氧乙烯醚依次加入水中，搅拌至溶解，再加入其余组分，混合至均匀即成。

性质与用途：本产品用水稀释成 10% 的溶液，用来清洗机械加工的硅片，不会影响其电性能和其他性能。

配方 19　除离子去油硅片清洗剂

组　分	配比(质量份)	组　分	配比(质量份)
乙二胺四乙酸钠盐(EDTA)	2.5	马来酸酐/丙烯酸共聚物	0.5
乙二胺二琥珀酸钠盐(EDDS)	0.25	3-甲氧基-3-甲基-1-丁醇	2
全氟辛基磺酸钾	1	氢氧化钠	3
异构十三醇聚氧乙烯(7)醚	7.5	去离子水	加至100
异构十三醇聚氧乙烯(9)醚	7.5		

制备方法：将各组分依次加入去离子水中，升温至 40～50℃，混合至均匀，冷却至室温即成。

性质与用途：本产品用去离子水稀释 25 倍后加入到清洗槽中，将硅片浸入清洗槽，清洗温度为 50℃，清洗时间为 480s。本剂能高效螯合硅片表面的金属离子，尤其是后期对硅片光电转换效率影响较大的铜、铁、锌等离子，对硅片有良好的去油污效果，无刺激性气味，且不会对硅片造成严重腐蚀。

配方 20　硅片超声清洗剂

组　分	配比(质量份)	组　分	配比(质量份)
脂肪醇聚氧乙烯(7)醚	15	氢氧化钠	20
全氟烷基醇聚氧乙烯醚(S-201)	1	乙二醇丁醚	4
乙二胺四乙酸二钠	4	去离子水	55
马来酸/丙烯酸共聚物	1		

制备方法：将各组分依次加入去离子水中，混合至均匀即成。

性质与用途：本产品用去离子水稀释 20 倍使用，辅以超声波来加强清洗效果，清洗温度为 55℃，清洗时间为 240s。

配方 21　环保速洗型硅片清洗剂

组　分	配比(质量份)	组　分	配比(质量份)
二醇醚	35	丙二醇	7
二醇酯	9	氟化铵	9
油酸羟乙基咪唑啉	15	乙醇(75%)	13
十二烷基苯磺酸钠	21	柑橘油	5
磷酸氢钾	21	去离子水	25

制备方法：将各组分加入去离子水中，以 120r/min 的速度搅拌 15min，即成。

性质与用途：本产品可以有效提高硅片的清洁程度，对环境无不利影响，高效且易清洗，提高了硅片的清洗速度和耐用性能，清洗硅片 1000 片，清洗洁净程度可达 99.99%。

配方 22　硅片抗氧化清洗剂

组　分	配比(质量份)	组　分	配比(质量份)
硼酸钠	2.5	柠檬酸	3
焦磷酸钾	2	乙醇	36
椰子油烷基醇酰胺磷酸酯	3.5	助剂	4.4
脂肪醇聚氧乙烯醚硫酸钠	5	去离子水	110

制备方法：所述助剂由下列原料（质量份）制成，硅烷偶联剂 KH-570（2.5）、抗氧化剂 1035（1.5）、植酸（1.5）、吗啉（3.5）、甲基丙烯酸-2-羟基乙酯（3.5）、乙醇（14）；制备方法是将硅烷偶联剂、植酸、乙醇混合，加热至 65℃，搅拌 25min 后，再加入其余组分，升温至 84℃，搅拌 34min，即得。

将除助剂外的各组分加入去离子水中，在 1100r/min 的搅拌下，加热到 65℃，搅拌至溶解，再加入助剂，继续搅拌 18min，即成。

性质与用途：本产品对有机物、金属离子、颗粒等有快速的清除能力，对硅片无腐蚀；损耗更少，降低成本，节约时间，从而大大地降低了硅片废品率，有利于更快地制造出数量更多、质量更好的硅片。本剂的助剂能够在硅片表面形成保护膜，隔绝空气，防止大气中水及其他分子腐蚀硅片，抗氧化，方便下一步制作工艺进行。

配方 23　硅片无腐蚀清洗剂

组　　分	配比（质量份）	组　　分	配比（质量份）
吐温-80	1.5	异丙醇	3～10
司盘-80	0.6	乙二胺	0.5
柠檬烯	10～30	去离子水	加至 100

制备方法：将各组分加入去离子水中，剧烈搅拌得乳状液，即成。

性质与用途：本产品稀释 80 倍使用，常温下将硅片以 400pcs 为一个批次加入清洗液中清洗 240s，之后放入去离子水中进行漂洗，每清洗 15 批次之后对清洗液进行补液，补加清洗剂的量为原始硅片清洗剂总质量的 0.02％～0.04％，如此循环补液完成批量生产。

通过观察，硅片表面胶以及其他油脂残留均清洗干净，硅片表面无指纹残留，外观合格，硅片减薄量显著降低。将清洗后硅片经过后续工艺步骤制备太阳能电池，电池外观与电性数据良好。

配方 24　无挥发可降解型硅片清洗剂

组　　分	配比（质量份）	组　　分	配比（质量份）
烷基葡萄糖酰胺	6	氢氧化钾	2
异构醇聚氧乙烯醚	4	丙烯酸均聚物分散剂（分子量 2000～6000）	1.5
醇醚羧酸盐	4		
烷基二苯醚二磺酸盐	5	有机硅改性聚醚消泡剂	0.5
N-月桂酰基乙二胺三乙酸（螯合性表面活性剂）	3	去离子水	74

制备方法：将各组分加入去离子水中，室温下搅拌 6h，即成。

性质与用途：本产品用去离子水配制成 3％的溶液加入清洗槽中，清洗温度为 55℃，超声条件下清洗 200～300s，每千克清洗剂能够清洗 4000 片左右硅片。本剂去污力强，易于生物降解，避免了产生危害的挥发性有机物，同时产生的泡沫量较少。

4.3 电器用清洗剂

污染物对电子设备的制造和操作影响很大，尤其是金属屑粒。金属粒子在相邻的导体之间，会发生短路；金属生成的离子型物质也容易造成腐蚀。另外，在电器的加工、组装、使用过程中，也会沾染纤维、润滑脂、矿物质灰尘等颗粒，需要及时清洗，以免影响电器的质量和使用寿命。

清除电器污垢的方法包括：溶解、化学反应（酸、碱性物质处理去除金属氧化物）和机械性清除（用喷气射流或超声波能量去除金属和纤维粒子）。

配方25　通用环保型电器用清洗剂

组分	配比（质量份）	
	1#	2#
脂肪醇聚氧乙烯醚硫酸钠	6	5
壬基酚聚氧乙烯醚（TX-10）	12	15
椰子油酰二乙醇胺	15	—
烷基醇酰胺磷酸酯	—	15
乙二醇单丁基醚	2	1.5
异丙醇	5	—
乙醇（95%）	—	5
乙二胺四乙酸	0.15	0.2
聚醚 GP（分子量 1400）	2	1.5
羧甲基纤维素钠	0.5	—
聚乙烯吡咯烷酮	—	1
水	加至 100	加至 100

制备方法：将各组分加入水中，加热至 50～70℃，搅拌至溶解，然后经过静止消泡、沉析、压滤、灭菌，得到黄色均匀透明液体，即成。

性质与用途：本产品可应用于清洗计算机硬盘部件表面，能去除其表面上的油脂、灰尘、积炭等污染物，也可应用于清洗封装液晶显示器时遗漏在外的液晶，能较容易地清洗干净，与用 CFC-113 清洗的效果相当。

本剂配制成 5%～10% 的水溶液使用，可在 40～60℃ 温度下浸泡或超声清洗，然后用水冲洗干净即可。

本剂对各种被清洗除去的物质溶解性好，清洗范围广；安全性高，由于是水剂，不燃不爆，无不愉快气味；使用完可以直接排放，使用方便，且无毒，无腐蚀性。

配方26　除静电型电器用清洗剂

组分	配比（质量份）		
	1#	2#	3#
氢氟酸	0.25	0.4	0.5
十二烷基硫酸钠	0.05	0.06	0.07
烷基酚聚氧乙烯醚（OP-10）	0.08	0.07	0.06
乙醇	99.62	99.47	99.37

制备方法：将各组分混合，高速搅拌至均匀，即得到稳定的电器用清洗剂。

性质与用途：本产品用于擦拭电器的表面，可将污垢除去以及将静电荷释放掉，稍待片刻后，再以棉布等擦拭，即可得到清洁且又不带静电的表面，采用本剂擦拭电器后无须再用水清洗，本剂洗净效果好，去静电荷能力强，使用简单。

本剂中既有相互配合使用后可明显增强去污效果的乙醇、氢氟酸和十二烷基硫酸钠，又有能快速而有效地消除静电荷的烷基酚聚氧乙烯醚，因此本剂具有清洗效果好、去静电荷能力强的特性。

配方 27　电子设备清洗剂

组　　分	配比(质量份)	组　　分	配比(质量份)
N-甲基-2-吡咯烷酮	15	十二烷基磺酸钠	1.5
脂肪醇聚氧乙烯(3)醚	2.5	双丙酮醇	81

制备方法：将各组分混合至均匀透明即成。

性质与用途：本产品适用于电子、电气设备的超声清洗。本剂使用双丙酮醇而不含卤代烃，对人体和环境无害。本剂亦可用于清洗印刷线路板上的焊药等残留物。

配方 28　电子设备清洗干燥剂

组　　分	配比(质量份)	组　　分	配比(质量份)
乙醇	30	1,2-二氯丙烷	20
二氯甲烷	50		

制备方法：将各组分混合至均匀即成。

性质与用途：本产品能溶解有机污垢并能带走潮气，特别适用于清洗和整修电器和工具。

配方 29　电子触点清洗剂

组　　分	配比(质量份)	组　　分	配比(质量份)
1,1,1-三氯乙烷	92.5	二氧化碳	7.5

制备方法：将各组分混合至均匀，灌入耐压罐中即成。

性质与用途：本产品用于喷射清洗，不腐蚀电路。使用时应注意环境通风。

配方 30　除焊剂用高效清洗剂

组　　分	配比(质量份)	组　　分	配比(质量份)
硝基甲烷	0.5	1,1,1-三氯乙烷	35
乙腈	3	异丙醇	60.7
乙酸乙酯	0.8		

制备方法：将硝基甲烷、乙腈、乙酸乙酯，以及经过除酸干燥处理的 1,1,1-三氯乙烷混合，搅拌至均匀，再加入异丙醇，混合至混匀得无色透明、无异味的

液体，即成。

性质与用途：本产品特别适合于电视机生产线上清除焊剂。本剂稳定性好，对被清洗的工件、电子元件及设备无腐蚀、渗透力强，能有效地清除焊剂和脱脂。本剂适合在室温下通风良好的区域存放使用（在空气中允许浓度为 $350 \times 10^{-6} g/m^3$）。

配方 31　电器接电点多功能清洗剂

组分	配比（质量份）	
	1#	2#
四氯甲烷	1～4	70～90
乙醇	70	3
C_{16}～C_{20} 烃类溶剂	26～29	7～27

制备方法：将四氯甲烷溶剂加入密封容器内，再加入 C_{16}～C_{20} 烃类溶剂，以 1300r/min 的转速搅拌 5min，然后加入乙醇，搅拌 5min，静置 10min，最后密封灌注包装，即成。

性质与用途：本产品主要用于电器设备中电器接点等部位的清洗，具有良好的润滑性，可有效地减少机械部位的磨损故障，使清洗部位无残留物存在。本剂可对电器设备起到清洗、维护和保养的作用，配方设计合理，效果优良，产品无任何副作用。除用于清洗电器接点部位外，本剂还可用作对金属表面、机械零部件、仪器仪表、精工产品的清洗，对油污性部件具有良好的清洗效果。

本剂可灌注在一个具有较长尖细瓶口的按压式塑瓶中。工作时，无须拆除设备部件，只要将液体点在电器接点出现故障的部位，同时来回活动故障部位使其恢复工作。液体的用量以不滴到其他元件部位并使故障消失为宜，一般用量不大于 1mL。

配方 32　半导体材料用环保清洗剂

组　分	配比（质量份）	组　分	配比（质量份）
乙二胺四乙酸二钠	0.1～1.0	油酰三乙醇胺皂	5.0～10.0
脂肪醇聚氧乙烯醚	6.0～15.0	异丙醇	1.0～5.0
壬基酚聚氧乙烯醚	3.0～5.0	氟化氢	0.1～1.0
椰子油脂肪酸二乙醇酰胺（烷醇酰胺）	3.0～5.0	水	加至100

制备方法：将乙二胺四乙酸二钠加入水中，升温至 60℃，搅拌至溶解，再依次加入除氟化氢的其余组分，充分混合至各组分完全溶解，最后加入氟化氢，混合至均匀即成。

性质与用途：本产品对半导体工艺中的材料和器件，薄膜工艺中的玻璃和金属表面有很好的清洗效果。本剂具有操作简便、成本低、无毒无害、对皮肤无刺激、对环境无污染等优点。

配方 33　半导体仪器用防腐清洗剂

组　　分	配比(质量份)	组　　分	配比(质量份)
氢氧化钾	0.8~1.0	亚甲基二萘磺酸二钠(润滑剂)	1.5~2
三聚磷酸钠	1.5~2.5	十二烷基苯磺酸钠	0.5~0.8
硅酸钠	0.37~1.2	水	加至 100

制备方法：将各组分加入水中，混合至溶解即成。

性质与用途：本产品专门用于无线电电子仪器的清洗，清洗效果好，还可起到防腐、润滑的效果。

配方 34　半导体工业用除油清洗剂

组　　分	配比(质量份)	组　　分	配比(质量份)
C_{10}~C_{18} 脂肪醇聚氧乙烯醚	61	水	加至 100
邻羟基苯甲酸	0.7~14.7		

制备方法：将各组分加入水中，混合至溶解即成。

性质与用途：本产品不含难生物降解的硬性组分，对油状污垢具有很高的去污力，同时能洗脱焊接时残留的松香溶剂。因此，可作无线电器加工中金属表面油脂和松香污垢的清洗剂。

配方 35　电子工业用阳极清洗剂

组　　分	配比(质量份)	组　　分	配比(质量份)
三聚磷酸钠	0.18	水	99.75
十二烷基苯磺酸钠	0.07		

制备方法：将各组分加入水，混合至溶解即成。

性质与用途：本产品主要清洗阳极氧化铝上的杂质，对被洗物不产生腐蚀。

配方 36　铝电解电容器清洗剂

组　　分	配比(质量份)	组　　分	配比(质量份)
D-苧烯	90	十二烷基苯磺酸钠	0.5
聚乙二醇壬基苯基醚	4.5	月桂酸烷醇酰胺	4.5
磷酸异辛酯	0.5		

制备方法：将各组分加入 D-苧烯中，混合至均匀即成。

性质与用途：本清洗剂适用于清洗铝电解电容器等电子元件。

配方 37　显像管金属部件清洗剂

组分	配比(质量份)				
	1#	2#	3#	4#	5#
精制柠檬油烯	10	35	4	—	—
精制松节油	—	—	—	5	—
精制二戊烯	—	—	—	—	10
汽油(沸程 100~120℃)	—	—	—	5	—
脂肪醇聚氧乙烯醚	—	—	—	5	—
十二烷基聚氧乙烯醚	5	15	10	—	—

组分	配比（质量份）				
	1#	2#	3#	4#	5#
烷基酚聚氧乙烯醚	—	15	5	5	7.5
十二烷基二甲基叔胺	—	—	0.5	—	—
十二烷基磺酸钠	2.5	—	—	—	—
十二烷基苯磺酸钠	1.5	—	—	—	2.5
十二烷基伯胺	1	2	—	—	—
十二烷基叔胺	—	—	—	0.5	—
硬脂酸	—	5	0.2	—	—
乙二胺四乙酸四钠	—	—	0.3	—	—
蓖麻油酸钾	—	—	—	1	—
苯甲酸钠	1	—	—	—	1
三乙醇胺	1	3	—	0.5	—
二乙醇胺	—	—	—	—	1
乙醇胺	—	—	—	—	0.5
烷基苯并咪唑、苯并三氮唑复盐	1	—	—	1	1
氢氧化钠	—	—	—	0.5	0.25
亚硝酸钠	—	—	—	—	0.25
水	至 100	至 100	至 100	至 100	至 100

制备方法：将各组分加入水中，升温至 80℃，采用 100r/min 保温搅拌 1h，冷却至 40℃，用脱脂棉与涤纶丝网（300 目）过滤，得白色乳液，密封保存，即成。本剂也可以在常温下配制，但需使用 500 r/min 以上的高速搅拌器，使充分分散，以保证乳液稳定性。

性质与用途：本产品用蒸馏水或水稀释 5～10 倍，加入到循环喷淋清洗槽中或超声波清洗槽中（如果用喷淋法，喷淋压力为 0.1～0.2MPa），清洗槽温度为 60～90℃，清洗时间为 1min。显像管进入清洗槽清洗后，再依次进入第二水洗槽与第三水洗槽，温度为室温或略高于室温，接着进入温热风强力吹干工序，温度为室温至 60℃，最后进入烘烤干燥炉。使用本剂进行防锈清洗，其效果可全面达到或超过三氯乙烯、四氯乙烯的清洗效果。在生产线上试用，显像管最终质检与寿命试验全部合格，因而可以全面使用，取代三氯乙烯、四氯乙烯清洗剂。

本剂具有较强的去油能力，可在加热的条件下短时间进行自动化清洗，使工件残油量降低限度，而且本身无毒，不易燃易爆，不使用氯氟烃，也无污染环境问题。

配方 38　液晶元件清洗剂

组　　分	配比（质量份）	组　　分	配比（质量份）
丁醇聚氧乙烯聚氧丙烯嵌段聚醚	30	水	35
乙醇	35		

制备方法：将各组分混合至均匀即成。

性质与用途：本产品适用于液晶玻璃基质元件的清洗。

配方 39　精密仪器清洗剂（氟利昂代用品）

组　　分	配比(质量份)	组　　分	配比(质量份)
六甲基二硅氧烷	58.9～59.3	甲醇	40.7～41.1

制备方法：通过蒸馏、真空蒸馏、吸附剂处理等方式获得纯度99%以上的六甲基二硅氧烷，与等体积的甲醇混合，用理论塔板数为30的减压蒸馏柱进行减压蒸馏，取58.7℃的共沸物即成。所得产品中含有58.9%～59.3%的六甲基二硅氧烷和40.7%～41.1%的甲醇。

性质与用途：本产品有优良的清洗和干燥能力，可用于精密仪器清洗和工业机械零件的清洗，不会破坏大气臭氧层，可作氟利昂的代用品。

配方 40　精密零部件清洗剂

组　　分	配比(质量份)	组　　分	配比(质量份)
十二烷基苯磺酸钠	3～5	丙酮	加至100
二甘醇	20～50		

制备方法：将各组分混合至均匀即成。

性质与用途：本产品用于精密零件上矿物油垢的清洗，去污力强，挥发性小。

配方 41　精密仪器清洗剂

组　　分	配比(质量份)	组　　分	配比(质量份)
C_{11}～C_{15}脂肪醇聚氧乙烯聚氧丙烯醚	15	二丙二醇单丁醚	85

制备方法：将各组分混合至均匀即成。

性质与用途：本产品适用于精密仪器或零部件的清洗，可强力去除表面油污。

配方 42　电子仪器水基清洗剂

组　　分	配比(质量份)	组　　分	配比(质量份)
C_{10}～C_{18}脂肪醇聚氧乙烯醚	15～25	全氟庚酸铵盐	0.8～1.6
三聚磷酸钠	4～10	乙醇	5～15
三乙醇胺	4～10	去离子水	加至100
松节油	1～3		

制备方法：将各组分依次加入去离子水中，混合至均匀即成。

性质与用途：本产品可用于电子仪器及零部件的浸泡或超声清洗，清洗后用去离子水漂洗，最后吹干。

配方 43　中泡电子/精密仪器清洗剂

组　　分	配比(质量份)	组　　分	配比(质量份)
辛基酚聚氧乙烯(9.5)醚(TRITON™ X-100)	20	乙二胺四乙酸四钠	1.5
椰子油脂肪酸二乙醇酰胺	15	异丙醇	5
三聚磷酸钠	3	水	55.5

制备方法：将三聚磷酸钠和乙二胺四乙酸四钠溶于水中，再依次加入异丙醇、椰子油脂肪酸二乙醇酰胺和辛基酚聚氧乙烯（9.5）醚，混合至均匀即成。

配方 44　电子/精密仪器温和型清洗剂

组　　分	配比(质量份)	组　　分	配比(质量份)
辛基酚聚氧乙烯聚氧丙烯醚	5	乙二醇丁醚	50
十二烷基苯磺酸异丙胺盐	5	去离子水	40

制备方法：将各组分加入去离子水中，混合至均匀即成。

性质与用途：本产品可用于电子设备和精密仪器及零部件的清洗，不仅具有很好的去污力，对仪器表面完全没有损害，不伤害皮肤，无毒，无味，无腐蚀。本剂为中性浓缩物，可稀释使用。

配方 45　电子/精密仪器除静电清洗剂

组　　分	配比(质量份)	组　　分	配比(质量份)
$C_8 \sim C_{10}$ 脂肪醇聚氧乙烯醚	5	丙二醇单丙醚	30
月桂基硫酸三乙醇胺盐	3	去离子水	62

制备方法：将各组分加入去离子水中，混合至均匀即成。

性质与用途：本产品适用于电子设备和精密仪器及零部件的清洗，不仅具有良好的去污力，还可以有效地去除仪器表面的静电。本剂为中性浓缩物，可稀释使用。

配方 46　电子/精密仪器强效清洗剂

组　　分	配比(质量份)	组　　分	配比(质量份)
脂肪醇聚氧乙烯聚氧丙烯醚	1	乙二醇丁醚	20
甘醇酸(70%)	4	异丙醇	5
单乙醇胺	20	去离子水	50

制备方法：良好搅拌下，将甘醇酸缓慢加入去离子水中，再依次加入其余组分，混合至均匀即成。

性质与用途：本产品适用于电子设备和精密仪器及零部件的清洗，可以去除矿物油、氧化物、矿物质等污垢，且不伤害设备。本剂可稀释使用。

4.4　光学玻璃清洗剂

光学玻璃清洗剂是专门用于清洗光学玻璃基板的清洗剂，用于去除加工过程中在玻璃基板上残留的金属粒子、玻璃粉、黏结剂、切削油、指纹、无机杂质等污垢，一般由多种表面活性剂和金属螯合剂复配而成。

配方 47　乳剂型光学玻璃清洗剂

组　　分	配比(质量份)	组　　分	配比(质量份)
二氯甲烷	13～21	苯并三唑	0.2
C$_2$～C$_4$ 脂肪醇	6～14	水	加至 100
丙酮	6～10		

制备方法：将苯并三唑溶于水中，再加入其余组分，混合至均匀即成。

性质与用途：本产品稳定性高，去污力强，用于清洗光学制品。

配方 48　光学玻璃除磨粉清洗剂

组　　分	配比(质量份)	组　　分	配比(质量份)
磷酸(85%)	2	乙二胺四乙酸	1
烷基酚聚氧乙烯醚(OP-10)	1	二乙二醇丁醚	1.5
十二烷基磺酸钠	1.5	去离子水	加至 100

制备方法：良好搅拌下，缓慢将磷酸加入去离子水中，再加入其余组分，混合均匀即成。

性质与用途：本产品用于光学玻璃的清洗，尤其适用于玻璃加工中，磨粉和抛光液的清洗。

配方 49　光学玻璃加工后处理清洗剂

组　　分	配比(质量份)	组　　分	配比(质量份)
氢氧化钾	12	羟基亚乙基二膦酸(HEDP)	0.5
烷基糖苷	2	全氟辛酸钾	0.3
壬基酚聚氧乙烯醚(TX-9)	3	聚硅氧烷消泡剂	0.1
磷酸酯类增溶剂(Rhodafac H-66)	5	渗透剂(JFC)	0.2
葡萄糖酸钠	13	尼泊金甲酯	0.05
乙酸钠	5	去离子水	加至 100
偏硅酸钠	3		

制备方法：将氢氧化钾溶于去离子水中，再依次加入葡萄糖酸钠（络合剂）、烷基糖苷、壬基酚聚氧乙烯醚、磷酸酯类增溶剂、乙酸钠、偏硅酸钠、羟基亚乙基二膦酸（缓蚀剂）、全氟辛酸钾（消泡剂）、聚硅氧烷消泡剂、渗透剂、加入下一组分前需确认前一组分充分溶解，最后加入尼泊金甲酯（防腐杀菌剂），混合至均匀即成。

性质与用途：本产品为高效防尘光学玻璃清洗剂，清洗效率高，洁净力强，不残留，易漂洗，适用于光学玻璃研磨、求芯、镀膜后的清洗，对研磨粉、抛光液、指印、灰尘等均有良好的清洗效果。

配方 50　环保型光学玻璃清洗剂

组　　分	配比(质量份)	组　　分	配比(质量份)
脂肪酸甲酯聚氧乙烯醚(FMEE)	5	柠檬酸钠	3
异构 C$_{13}$ 醇聚氧乙烯醚	5	葡萄糖酸钠	3
长链羧酸酯聚氧乙烯醚磺酸钠(LMES)	8	C$_7$～C$_9$ 脂肪醇聚氧乙烯(5)醚	5
三乙醇胺	10	去离子水	加至 100

制备方法：将 FMEE、LMES、异构 C$_{13}$ 醇聚氧乙烯醚和三乙醇胺混合，得混合物；将柠檬酸钠、葡萄糖酸钠、C$_7$～C$_9$ 脂肪醇聚氧乙烯（5）醚加入去离子水中，混合至溶解后，加入前述混合物，混合至均匀即成。

性质与用途：本产品是一种环保型的光学玻璃清洗剂，由非离子型表面活性剂、阴离子表面活性剂、洗涤助剂、缓蚀剂、渗透剂和去离子水混合而成，具有良好的生物降解性，对环境无污染，而且去污能力强，腐蚀性小。

配方 51　通用型光学玻璃清洗剂

组　分	配比（质量份）	组　分	配比（质量份）
烷基醇酰胺	5	羟乙基乙二胺	4
脂肪醇聚氧乙烯醚	5	水	加至 100
乙二胺四乙酸二钠	1		

制备方法：将各组分加入水中，混合至均匀即成。

性质与用途：本产品用于光学玻璃的清洗，清洗效果好，洗后无残留，不会对玻璃造成磨损与腐蚀。

配方 52　光学导电膜玻璃清洗剂

组　分	配比（质量份）	组　分	配比（质量份）
二烷基苯硫酸钠	25	溶剂（乙醇胺：乙二醇乙醚=1:10）	8
N-甲基吡咯烷酮	0.5	乙醇	5
葡萄糖酸钠	1	去离子水	60.5

制备方法：将各组分加入水中，混合至均匀即成。

性质与用途：本产品用于光学导电膜玻璃，即触摸显示屏的清洗，不含强碱性无机碱，也不含乙二胺四乙酸、三聚磷酸钠等影响环境水质的成分，对光学导电膜玻璃（包含 ITO、钼铝、钼钛、铬、铜镍等光学导电膜等）无腐蚀性，对油垢和胶迹类物质有良好清除效果。

配方 53　光学玻璃镀膜前清洗剂

组　分	配比（质量份）			
	1#	2#	3#	4#
烷基酚聚氧乙烯醚	3	5	10	3
聚乙二醇	2	5	0	6
聚丙二醇	—	5	5	4
十二烷基磺酸钠	1	0.5	3	2
十二烷基硫酸钠	—	0.5	3	6
三聚磷酸钠	1	—	—	—
六偏磷酸钠	—	—	2	2
焦磷酸钠	—	—	3	1
偏硅酸钠	5	5	5.5	4
硅酸钠	—	7	5.5	6
司盘-60	0.01	0.4	1	0.1
去离子水	加至 100	加至 100	加至 100	加至 100

制备方法：将各组分混合至均匀即成。

性质与用途：本产品用于光学玻璃镀膜前的清洗，对污垢的溶解能力强，具有良好的抗污垢再沉降作用，能有效去除玻璃表面的有机污垢和无机污垢，清洗后玻璃表面结晶度好，清洗效果良好，且易漂洗，清洗效率高，不腐蚀玻璃。本剂浊点高，不会导致清洗液浑浊，化学稳定性好，对光学玻璃无新的污染。

第 **5** 章
印刷机械用清洗剂

在印刷行业中，油墨是目前最大的污染源。不论何种印刷方式都需要使用油墨，胶辊、丝网、印刷版和字模在印刷过程中都会沾染油墨。为保持印刷机的正常状态和印刷品的质量，就需要及时进行清洗。

清洗印刷油墨主要是清除油墨中干性植物油或合成树脂等成膜材料，当这些材料被清除后，附着在成膜材料上的色料等成分就容易被清洗掉。由于这些成膜材料易溶于汽油、煤油等廉价的石油烃类溶剂中，纯汽油、煤油类清洗剂长期以来作为油墨清洗剂市场的主要产品。但因为环保要求，以及其储存和使用过程中存在的安全隐患，含汽油、煤油的新型印刷油墨清洗剂被开发出来，一定程度上克服了汽油、煤油低闪点、对环境污染、对操作人员毒害等不足。石油资源是不可再生资源，植物油基的清洗剂和无汽油成分的水基、半水基清洗剂也在不断研究开发中。

手工清洗印刷油墨使用的清洗剂，往往是由高沸点的低极性有机溶剂、强极性溶剂，以及具有防腐保养等作用的助剂，经乳化而成的。它既考虑到了清洗效果，又兼顾环保性和使用的安全性，同时还要考虑到生产成本和厂家的使用成本。

使用清洗机清洗印刷油墨使用的专用清洁剂（专业俗称洗车水），是一种专门为印刷机自动清洗装置生产的产品，使用过程中不会产生大量泡沫，适应清洗机的使用要求。洗车水常原液使用，或根据要求按比例兑水稀释使用。但企业若是为了降低成本而稀释过量，则可能使油包水型的清洗液转变为水包油型，从而明显降低清洗效果，延长清洗时间，甚至还会使墨辊的轴芯以及其他机械部件产生锈蚀，给企业带来不必要的损失。

5.1 印刷机械清洗剂

印刷设备的污垢主要是油墨、灰尘、机油等。为保持印刷机的正常状态和印刷品的质量，在更换油墨品种或印刷任务完成后需对印刷机械进行清洗，需清洗的部件包括油墨辊、润湿辊筒、字模、印刷版以及丝网等。

传统的清洗方法主要使用溶剂，包括汽油、煤油、丙酮、乙醇等。但大量使用溶剂存在易燃、易爆、污染环境、危害健康等缺点，同时还会使胶辊、橡皮布等材料发生溶胀、腐蚀作用，影响使用寿命。新型油墨清洗剂通常由溶剂、表面活性剂、助剂和水，经乳化而成，具有清洗效果好、使用安全、不易燃烧、对橡胶材料损伤小等优点。不含溶剂的水基型油墨清洗剂也是目前的发展趋势。

配方 1　新助剂型印刷机械无毒清洗剂

组　　分	配比(质量份)	组　　分	配比(质量份)
煤油	20	4-甲基水杨酸	1
失水山梨醇棕榈酸酯	3	石油磺酸钠	2
柠檬酸	2	硼酸	1
柠檬酸钠	1	山梨醇聚氧乙烯醚月桂酸酯	3
过氧单磺酸钾	2	助剂	4
全氟聚醚	4	水	加至100

制备方法：所述助剂由下列原料（质量份）制成，硅烷偶联剂 KH-570（3）、蓖麻油酸（4）、丙烯腈（2）、吗啉（1）、新戊二醇（3）、抗氧化 1035（2）、乙醇（15）；制备方法是将硅烷偶联剂、蓖麻油酸、乙醇混合，升温至 60～70℃，搅拌 30min，再加入其余组分，升温至 80～85℃，搅拌 30min，即成。

将柠檬酸、柠檬酸钠、过氧单磺酸钾、4-甲基水杨酸和硼酸加入一半的水中，升温至 65～75℃，混合至溶解，再加入煤油、失水山梨醇棕榈酸酯、全氟聚醚、石油磺酸钠、山梨醇聚氧乙烯醚月桂酸酯，加入升温至 80～90℃的余量水，以 1300～1400r/min 的转速搅拌 5min，最后加入助剂，混合至均匀，自然冷却即成。

性质与用途：本产品清洗能力强，大大优于使用汽油，而且无毒、无挥发、对人体无害，不具腐蚀性。使用本剂在室温下浸泡 5min，再适当振荡约 5min，可以去除不锈钢表面已经晾干的油墨。与汽油、煤油相比，可延长墨辊和胶皮布的使用寿命。

配方 2　通用型印刷机械强效清洗剂

组　　分	配比(质量份)	组　　分	配比(质量份)
煤油	30	十二烷基苯磺酸钠	2
烷基酚聚氧乙烯醚	6	三聚磷酸钠	3

组　　分	配比(质量份)	组　　分	配比(质量份)
三乙醇胺	1	乙二胺四乙酸	0.5
二乙二醇乙醚	1.5	水	加至100

制备方法：将各组分加入水中，充分搅拌乳化成乳白色液状即可。

性质与用途：本产品 pH 值近于中性，具有润湿、渗透、溶解多种功能，可用于清洗制版打样机、凹凸印刷机、转轮机的输墨装置，橡皮布及印刷机附件上的油墨和油污，可直接使用，亦可用水稀释使用。

本剂可用于浇洗，将本剂喷洒到辊筒上，通过辊筒的转动把清洗剂传送到每一根输墨装置上，渗透油墨并与之充分混溶后被机器上的刮刀刮掉，达到清洗效果，去污能力超过汽油、煤油等。本剂也可用于硬表面上油墨的擦洗。

配方3　乳剂型印刷机械无毒清洗剂

组　　分	配比(质量份)	组　　分	配比(质量份)
煤油	32～46	甲基戊醇	0.8～1.6
太古油	0.5～1.0	磷酸酯铵盐	0.25～2.5
烷基磺酸钠	0.3～0.5	月桂醇硫酸酯铵盐	0.01～0.02
油酸聚氧乙烯酯	1.5～3.5	水	加至100

制备方法：将除甲基戊醇外的所有组分加入水中，升温至55℃，混合至均匀，温度降至室温，最后加入甲基戊醇，混合至均匀即成。

性质与用途：本产品为乳浊液，具有去污效果好、使用安全、对人体无毒等特点。

配方4　油包水型印刷机械清洗剂

组　　分	配比(质量份)	组　　分	配比(质量份)
汽油	39.3	油酸	0.64
失水山梨醇单油酸酯	0.63	氢氧化钠	0.08
失水山梨醇聚氧乙烯三油酸酯	0.35	水	59

制备方法：将汽油、失水山梨醇聚氧乙烯三油酸酯、失水山梨醇单油酸酯混合，搅拌至均匀。以 3L/min 的流速把水注入，并快速搅拌 30min，使其充分乳化。最后加入氢氧化钠，混合至液珠粒度为 2～4μm，即成。

性质与用途：本产品为一种油包水的液体，混合的乳化液可保持相对稳定，在密封状态下，保存期可达两年。本剂主要用于清洗墨辊、橡胶布、压印辊筒和印版上未固化的油墨。

配方5　不可燃型印刷机械颜料清洗剂

组　　分	配比(质量份)	组　　分	配比(质量份)
D-柠檬烯	20	聚乙二醇	4
酚醛树脂	20	石油磺酸钠	4
聚乙二醇辛基苯醚	6	大豆油	20

组　分	配比（质量份）	组　分	配比（质量份）
脂肪酸甘油酯	7	硅酸钠	2
硼酸	7	防锈剂	3
乙二醇	10	水	加至 100

制备方法：将各组分加入水中，混合至均匀即成。

性质与用途：本产品用于清洗印刷机械，不可燃，清洗效果好，对印刷机中有机和无机颜料等化合物的清洁程度高。

配方 6　钢板印刷机械清洗剂

组　分	配比（质量份）	组　分	配比（质量份）
丙二醇甲醚	10	亚硝酸钠	17
甲酰胺	8	过氧化氢溶液（35%）	15
乳酸钾盐	15	水	加至 100
乙醇	13		

制备方法：将各组分加入水中，混合至均匀即成。

性质与用途：本产品用于钢板印刷机，去污能力强，使用安全，清洗效率高，清洗时间短，节能高效。

配方 7　无腐蚀印刷机械高效清洗剂

组　分	配比（质量份）	组　分	配比（质量份）
蜡酸乙酯	0.6	异丙醇	8
失水山梨醇脂肪酸酯	0.3	三聚磷酸钠	0.08
聚氧乙烯失水山梨醇脂肪酸酯	1	草酸	0.3
丙酮	1.3	去离子水	加至 100
单丁醚	5		

制备方法：将各组分加入水中，混合至均匀即成。

性质与用途：本产品可有效地去除印刷机械、PS 板、树脂版以及胶辊上残留的油墨，对印刷设备不会腐蚀，不易燃，使用安全方便。

配方 8　旋转彩印机清洗剂

组　分	配比（质量份）	组　分	配比（质量份）
煤油	30～40	硬脂酸钠	0.125～0.25
月桂基磷酸酯	0.2～2.5	椰子油脂肪酸单乙醇酰胺	0.005～0.01
油酸聚乙二醇酯	0.5～3.0	乙二醇	0.5～1.0
磺化蓖麻油	0.2～0.5	水	加至 100

制备方法：将各组分加入水中，充分搅拌乳化成乳白色液状即成。

性质与用途：本产品用于清洗旋转彩印机。本剂以水和煤油乳浊液的形式应用，其中含有对有机成分作用的煤油及对纸屑和无机颜料起作用的水，这就提高了去污效果，同时降低了溶剂的挥发度。降低了着火的危险性和毒性，因此清洗时不需要专门的密闭设备和通风系统，也就相当经济节省。

配方 9　水基印刷机械清洗剂

组　　分	配比(质量份)	组　　分	配比(质量份)
辛基酚聚氧乙烯醚	3	稀盐酸(2%)	适量(调 pH 值 7～8)
三乙醇胺	2	软化水	加至 100
丁基溶纤剂	3		

制备方法：将辛基酚聚氧乙烯醚、三乙醇胺加入软化水中，升温至 35～45℃，充分搅拌 30min 后再加入丁基溶纤剂，混合至均匀，最后用 2% 稀盐酸调 pH 值到 7～8，即成。

性质与用途：本产品适用于印刷机械的油墨清洗，能清洗印版、橡胶布、胶辊等所有印刷着墨部位，经微调消泡也适用于机洗，并适用于操作工人擦手、清洗衣物上的油墨等。本剂配方简单，制作简便，性能稳定，无色无毒，不腐蚀无污染，其清洗效率高，安全，可靠，原材料供应方便，成本低廉，易储存，使用方便。

配方 10　润湿辊筒清洗剂

组　　分	配比(质量份)	组　　分	配比(质量份)
大豆卵磷脂	1.5	芳烃(沸点 160～175℃)	22.5
月桂醇聚氧乙烯(4)醚	2.5	丁二酸二辛酯硫酸钠	3.5
三氟三氯乙烷	10	溶剂油(沸点 160～210℃)	加至 100

制备方法：将各组分混合均匀即成。

性质与用途：本产品用水稀释 2 倍(体积)使用，具有良好的稳定性，清洗印刷机润湿混辊筒有良好的去污力。

配方 11　胶辊用浸泡清洗剂

组　　分	配比(质量份)	组　　分	配比(质量份)
丁二酸二丁酯	3～5	壬基酚聚氧乙烯醚	5～12
己二酸二辛酯	3～8	壬基酚聚氧乙烯醚硫酸钠	6～8
异丙醇	4～10	石油醚	28～38
十二烷基磺酸钠	6～8	水	加至 100

制备方法：将异丙醇加入水，然后加入十二烷基磺酸钠、壬基酚聚氧乙烯醚硫酸钠，搅拌至溶解，再加入其他组分，混合至均匀即成。

性质与用途：本产品用于印刷机胶辊的浸泡清洗，浸泡后轻轻擦洗即可。

配方 12　胶辊用溶剂清洗剂

组　　分	配比(质量份)	组　　分	配比(质量份)
C_7～C_9 混合醇	30～50	甘油	1～5
二甲基甲酰胺	20～25	水	加至 100
乙基溶纤剂	20～30		

制备方法：将各组分混合至均匀即成。

性质与用途：本产品主要用来清洗印刷胶辊。作为以有机溶剂为基础的印刷机透印油墨清洗剂，有防止胶辊膨胀作用。

配方 13　胶辊用碱性清洗剂

组　　分	配比(质量份)	组　　分	配比(质量份)
氢氧化钠	9.83	碳酸钠	38.37
甘油	17.43	水	加至100
乙醇	22.29		

制备方法：将氢氧化钠和碳酸钠溶于水中，再加入乙醇和甘油，混合至均匀即成。

性质与用途：本产品为碱性清洗剂，用于印刷机胶辊的除墨清洗。

配方 14　胶辊用醇基清洗剂

组　　分	配比(质量份)	组　　分	配比(质量份)
柠檬烯	5	N-十二烷基丙氨酸钠	3
烷基聚糖苷	5	异丙醇	80
单丁基聚醚	7		

制备方法：将各组分混合至均匀即成。本剂需在金属容器内保存。

性质与用途：本产品为无色透明低黏液体，在室温下对印刷胶辊的油污、墨污可达 99％以上的清洗率，使用方便、稳定性好、低泡沫、溶于水，有良好的生物降解性，对胶辊油墨清洗后，无须大量清水进行处理，不污染环境。

配方 15　胶辊和橡皮布清洗剂

组　　分	配比(质量份)	组　　分	配比(质量份)
煤油	14	十二烷基硫酸钠	1
十二烷基苯磺酸钠	3	苯并三氮唑	1
聚丙烯酰胺	2	二氯异氰尿酸钠	2
乙二胺四乙酸	2	助剂	4
硅酸镁	1	水	加至100
辛癸酸	1		

制备方法：所属助剂由下列原料（质量份）制成：硅烷偶联剂 KH-570（3）、蓖麻油酸（4）、丙烯腈（2）、吗啉（1）、新戊二醇（3）、抗氧化剂 1035（2）、乙醇（15）；制备方法是将硅烷偶联剂、蓖麻油酸、乙醇混合，升温至 60～70℃，搅拌 30min，再加入其余组分，升温至 80～85℃，搅拌 30min，即得。

将煤油、聚丙烯酰胺、乙二胺四乙酸、硅酸镁、辛癸酸加入一半的水中，升温至 65～75℃，混合至溶解，再加入十二烷基苯磺酸钠、十二烷基硫酸钠、苯并三氮唑、二氯异氰尿酸钠，加入升温至 80～90℃的余量水，以 1200～1400r/min 的转速搅拌 5min，最后加入助剂，混合至均匀，自然冷却即成。

性质与用途：本产品清洗效果好，使用安全，不易燃烧，对环境影响小，对印刷机胶辊、橡皮布损伤小。

配方 16 印刷板用去污清洗剂

组　　分	配比(质量份)	组　　分	配比(质量份)
硅酸钠溶液(40%)	7.5	十二烷基二甲基苄基氯化铵	0.2
氢氧化钠	0.8	水	加至 100
辛基酚聚氧乙烯醚	3.0		

制备方法：将硅酸钠溶液和氢氧化钠溶于水中，混合至均匀，再加入其余组分，混合至均匀即成。

性质与用途：本产品用水稀释 10 倍（体积）使用，本剂有很好的减感作用，去污力高，对图像无有害影响。用本剂处理平板印刷板 30s、擦净，印刷 30000 次无污迹。

配方 17 印刷板用水包油型清洗剂

组　　分	配比(质量份)	组　　分	配比(质量份)
汽油	38	丁胺	0.0004
羟乙基纤维素	0.018	司盘-20	3.0
植酸	0.018	水	加至 100
亚硫酸氢钠	0.0004		

制备方法：将除水外的各组分加入汽油中，混合至均匀，最后加入水，快速搅拌至均匀乳化即成。

性质与用途：本产品清洗后的印刷板具有亲水性。对于印过 5 万份有干油墨和污垢的平板，用浸有本剂的纱布擦洗，可再印 1000 份清晰的印刷品。本剂稳定性好，不发生沉淀，储存 6 个月后仍不失效。

配方 18 印刷板用油包水型清洗剂

组　　分	配比(质量份)	组　　分	配比(质量份)
肌醇六磷酸锂溶液(50%)	5.0	甘油	5.0
柠檬酸	0.8	烃油(沸点 151～190℃)	15.0
琥珀酸二异辛酯磺酸钠	2.0	司盘-80	0.5
壬基酚聚氧乙烯醚	1.0	水	加至 100
阿拉伯胶溶液(25%)	15.0		

制备方法：将肌醇六磷酸锂溶液、柠檬酸、阿拉伯胶溶液和甘油加入水中，混合至均匀得水相；将烃油、琥珀酸二异辛酯磺酸钠、壬基酚聚氧乙烯醚和司盘-80 混合至均匀，得油相；将油相分散于水相中，得到白色溶液，即成。

性质与用途：本产品可用于清洗印刷板。

配方 19 印刷板用防锈清洗剂

组　　分	配比(质量份)	组　　分	配比(质量份)
磷酸丁酯	4	月桂醇聚氧乙烯醚硫酸钠	1
甘油三油酸酯	2	偏硅酸钠	0.2
氢氧化钠	1	草酸钠	0.2
磷酸三钠	0.5	水	加至 100
脂肪醇聚氧乙烯醚(AEO-9)	1		

制备方法：将脂肪醇聚氧乙烯醚、月桂醇聚氧乙烯醚硫酸钠、氢氧化钠、磷酸三钠加入水中，搅拌至溶解，再加入磷酸丁酯、甘油三油酸酯、偏硅酸钠和草酸钠，混合至均匀即成。

性质与用途：本产品可用于清洗平板印刷板，对普通印刷版浸泡清洗 2～3min，对烘烤型印刷版浸泡清洗 15～20min，不仅去污力强，且有防腐防锈效果。

配方 20　铝合金印刷板用清洗剂

组　　分	配比(质量份)	组　　分	配比(质量份)
硫酸铝钾	13	硅酸盐	7
二丙二醇乙醚	5	乳酸钾盐	10
磷酸(85%)	9	水	加至 100

制备方法：将各组分混合至均匀即成。

性质与用途：本产品用于清洗铝合金板印刷机，去污能力强，清洗效率高，清洗时间短、清洗效果好，节能高效。

配方 21　印刷板用醚类溶剂清洗剂

组　　分	配比(质量份)	组　　分	配比(质量份)
二丁醚	60	1,2-二丁烯氧化物	0.5
二乙二醇单丁醚	30	水	9.5

制备方法：将各组分混合至均匀即成。

性质与用途：本产品用于印刷版清洗剂，可以有效去除墨迹，对环境友好。

配方 22　印刷板用混合溶剂清洗剂

组　　分	配比(质量份)	组　　分	配比(质量份)
三甘醇二甲醚	41.7	磷酸二乙酯	8.3
乳酸乙酯	25	水	加至 100
二甲基亚砜	16.7		

制备方法：将各组分混合至均匀即成。

性质与用途：本产品用于印刷板的除墨清洗。

配方 23　石印印刷版清洗剂

组　　分	配比(质量份)	组　　分	配比(质量份)
丙二醇单甲醚	59	二丁基萘磺酸钠	2
煤油	39		

制备方法：将各组分混合至均匀即成。

性质与用途：本产品用于清洗干燥的石印印刷版。

配方 24　字模用清洗剂

组　　分	配比(质量份)	组　　分	配比(质量份)
阳离子淀粉	2	十二烷基硫酸钠	2
十二烷基苯磺酸钠	2	水	94

制备方法：将各组分混合至均匀即成。

性质与用途：本产品用于清洗印刷字模，可达到良好的洗净效果。

配方 25　印刷机不锈钢丝网用清洗剂

组　　分	配比(质量份)	组　　分	配比(质量份)
二乙二醇甲醚	15	去离子水	83
四聚磷酸钠	2		

制备方法：将四聚磷酸钠溶于去离子水中，再加入二乙二醇甲醚，混合至均匀即成。

性质与用途：本产品可防止不锈钢丝网表面的铁离子析出，可防止重氮系列感光材料的暗反应，持续获得最合适的图像特性，并且可以使其表面保持亲水性，使之与由水溶性树脂组成的感光材料的密着性得以提高，防止制版工序和印刷工序时细微图形的脱落。

丝网印刷是采用丝网印刷版，在被印刷体的表面上形成由油墨和胶膜等组成的印刷膜，因为其可以形成细微图形，并且具有优良的量产性而得到广泛应用。根据材料不同，可分为聚酯丝网和不锈钢丝网。其中不锈钢丝网更适合于高精度、更细微的图形印刷。本剂用于不锈钢丝网在制版工序中，涂敷网版感光材料前，黏附异物和油分的清洗。

配方 26　印刷机丝网用油墨清洗剂

组　　分	配比(质量份)	组　　分	配比(质量份)
三氯乙烷	80	环己酮	20

制备方法：将各组分混合至均匀即成。

性质与用途：本产品用于清除丝网上的油墨，不损伤丝网。

配方 27　印刷机丝网用油墨擦洗剂

组　　分	配比(质量份)	组　　分	配比(质量份)
四氯二氟乙烷	91	异辛烷	4
乙酸丁酯	5		

制备方法：将各组分混合至均匀即成。

性质与用途：本产品不会燃烧，用浸有本品的布可擦净有环氧丙烯酸树脂油墨的印刷丝网。

配方28　印刷机丝网用混合溶剂清洗剂

组　　分	配比(质量份)	组　　分	配比(质量份)
二甘醇二乙基醚	80	水	15
3-甲氧基丁基乙酸酯	5		

制备方法：将各组分混合至均匀即成。

性质与用途：本产品不破坏臭氧层，溶解性好，无闪点，是三氯乙烷的替代品。

配方29　印刷机丝网用全能型清洗剂

组　　分	配比(质量份)	组　　分	配比(质量份)
丁醇	27	松节油	36
乙二醇	17	石蜡	1
氢氧化钾	5	丁醇聚氧乙烯醚	8
烷基酚聚氧乙烯醚	6		

制备方法：将各组分混合至均匀即成。

性质与用途：本产品用于清洗印刷机丝网，本剂与丝网接触后用水喷洗，可除去丝网表面的光硬化聚乙烯醇、聚丙烯酸酯乳液和油墨等污垢。

配方30　印刷机丝网用含固相载体清洗剂

组　　分	配比(质量份)	组　　分	配比(质量份)
陶土(粒径2μm)	33	羟丙基甲基纤维素	0.5
N-甲基吡咯烷酮	66.5		

制备方法：将各组分混合至均匀即成。

性质与用途：本产品用于清除印刷丝网眼上残留油墨，涂敷于丝网后用水冲洗。

配方31　印刷机丝网用低泡清洗剂

组　　分	配比(质量份)	组　　分	配比(质量份)
乙二醇丁醚	20	月桂酸单甘油酯	5
氢氧化钾	3	硬脂酸镁	2
二甲基硅氧烷	5	聚丙烯酰胺与十二烷基苯磺酸钠混合物(3∶1)	2
单硬脂酸甘油酯	2		
轻质碳酸钙	3		

制备方法：将各组分混合至均匀即成。

性质与用途：本产品用于丝网印刷版的清洗，具有低泡的特点，清洗效果佳，污染和毒害降到了最低。

配方32　印刷机丝网用高闪点清洗剂

组　　分	配比(质量份)	组　　分	配比(质量份)
二丙二醇甲醚	15	油酸	25
乙酸正丁酯	60		

制备方法：将各组分混合至均匀即成。

性质与用途：本产品常温使用，具有闪点高，清洗彻底，污染小，对人体健康危害小，对丝网无损害等优点。特别适合于旧网版经过脱膜粉、磨网膏、洗网水和脱脂剂处理后，用无尘布蘸取本剂对网版进行擦拭，能够迅速去除丝网上残留的油墨。

5.2　油墨清洗剂

胶印油墨是由合成树脂、干性植物油、矿物油、优质颜料与填充料经调配研磨而成的。而油墨清洗剂通常有一个明显的缺点，即溶剂的含量很高，甚至印刷厂直接采用汽油进行清洗，在印刷车间中的挥发很严重，对印刷环境和工人的健康有严重影响，且成本较高。

新型油墨清洗剂则由溶剂、表面活性剂、酸碱性物质、助剂和水组成，通过复配降低了溶剂的用量。但由于溶剂对油墨的良好溶解性，新型油墨清洗剂仍需要一部分溶剂油为主要成分。通常烷烃类、芳香烃类、醇类、酮类等对油墨都有一定的溶解能力，汽油、煤油等石油产品也可溶解油墨。从环境保护和清洗能力上考虑，选用专用溶剂油效果最好，考虑到油墨成分的复杂性，采用混合溶剂比选用单一溶剂效果更好。

清洗剂中的表面活性剂有两个方面的作用：表面活性剂起到乳化作用，可使水和溶剂油形成稳定的乳化液；同时，表面活性剂对油墨及其成膜物质还会起到润湿、渗透、乳化、分散的作用。常用的表面活性剂有烷基酚聚氧乙烯醚（TX、OP 等）、脂肪醇硫酸盐（FAS）、脂肪酸烷醇酰胺（6501），还有葡萄糖酸盐、脂肪酸盐、脂肪醇聚氧乙烯醚（AEO）、烯基磺酸盐（AOS）、α-磺基脂肪酸甲酯钠盐（MES）和具有直链结构的烷基苯磺酸盐（LAS）等适宜生物降解，又能有效除去金属重垢油脂的表面活性剂。

为减小清洗剂的腐蚀性，可适当加入三乙醇胺以调节 pH 值，并防锈；加入少量苯并三氮唑可加强防锈能力；加入少量正丁醇可加强清洗剂的稳定性和渗透力。

配方 33　油包水型油墨清洗剂

组　　分	配比(质量份)	组　　分	配比(质量份)
松节油	15	脂肪酸甲酯乙氧基化物	5
四氯乙烯	13	杏树胶	2
油酸	1	亚氨基二琥珀酸四钠	0.5
异丙醇	5	十二烷基苯磺酸钠	1
邻苯二甲酸二丁酯	3	失水山梨醇三油酸酯	0.3

组　　分	配比(质量份)	组　　分	配比(质量份)
苯并三氮唑	1	三乙醇胺	2
氢氧化钠	3	正丁醇	5
水	30	2,6-二叔丁基对甲酚	0.5

制备方法：将氢氧化钠加入水中，搅拌至溶液，得氢氧化钠水溶液；将松节油、四氯乙烯、油酸、异丙醇、邻苯二甲酸二丁酯加入氢氧化钠水溶液中，以 200r/min 的速度搅拌 10min，得复合溶剂；然后将杏树胶、亚氨基二琥珀酸四钠、脂肪酸甲酯乙氧基化物、十二烷基苯磺酸钠、失水山梨醇三油酸酯和苯并三氮唑加入复合溶剂中，以 200r/min 的速度搅拌 15min，得混合试剂；加入三乙醇胺调 pH 值到 7.5，再加入正丁醇和 2,6-二叔丁基对甲酚到混合试剂中，搅拌 20min，超声分散 5min，静置 1.5h，即成。

性质与用途：本产品为油包水型油墨清洗剂，乳剂的外相为油，内相为水，其界面有表面活性剂起稳定作用。由于水的存在，外相的油或溶剂的挥发能力大大减弱，可以消除溶剂中有害物质对环境的影响，大大提高清洗剂的闪点，增加了印刷车间的消防安全性。

配方 34　自动清洗用油墨清洗剂

组　　分	配比(质量份)	组　　分	配比(质量份)
溶剂油(200#)	80	乙二胺四乙酸四钠	0.5
司盘-80	5	苯并三氮唑	1
脂肪醇聚氧乙烯(3)醚	10	三乙醇胺	0.2
三硬脂酸甘油酯	1.5	乙二醇硅氧烷	0.3
硅烷偶联剂(KH-550)	1	香精	0.5

制备方法：将除了司盘-80 和脂肪醇聚氯乙烯（3）醚以外的组分加入溶剂油中，混合至均匀，再加入司盘-80 和脂肪醇聚氧乙烯（3）醚进行乳化，乳化条件为温度 60℃，转速 450r/min，时间 40min，得均匀透明液体，即成。

性质与用途：本产品使用时才与大量水混合，节约包装和运输成本。与水混合后形成的乳状液稳定时间长，不分层；运动黏度低，满足印刷机自动清洗的要求，可同时清洗印刷设备和印刷板材的油墨。本剂与水按 1:3～5 的比例混合，搅拌均匀即可使用。

配方 35　高效油墨清洗剂

组　　分	配比(质量份)	组　　分	配比(质量份)
硅酸钠	8	油酸	15
异丙醇	24	聚氧乙烯醚	15
山梨醇酯	11	邻苯二甲酸二丁酯	13
十二烷基苯磺酸钠	8	蓖麻油酸聚酯	9
D-柠檬烯	20	水	80
二氧化钛	22		

制备方法：将硅酸钠、十二烷基硫酸钠、柠檬烯、二氧化钛加入 50 份的水中，混合至均匀；再依次加入山梨醇酯、油酸、聚氧乙烯醚、邻苯二甲酸二丁酯、蓖麻油酸聚酯，升温至 55℃，搅拌 8h 至均匀，升温至 63℃，最后加入异丙醇和余量水，搅拌 40min 后冷却至室温，静置 16h，即成。

性质与用途：本产品能有效地清洗溶解油墨中的油性成分，清洗效果好，用量少，无污染，安全环保。

配方 36　油墨专用清洗剂

组　分	配比(质量份)	组　分	配比(质量份)
椰油酰两性基二乙酸二钠	3	三聚磷酸钠	4
十八烷基二羟乙基氧化胺	2	肉豆蔻酸异丙酯	7
十二烷基苯磺酸钠	3	环烷酸锌	3
阿魏酸	1	甲基异噻唑啉酮	1
大豆皂角素	5	二乙二醇甲醚	1
油磺酸钠	3	丙二醇	5
壬基酚聚氧乙烯醚	2	乙醇	7
二氧化硫脲	3	去离子水	15
α-硫辛酸	1		

制备方法：将阿魏酸、大豆皂角素、十二烷基苯磺酸钠、三聚磷酸钠、α-硫辛酸加入去离子水和乙醇混合溶液中，加热至 40℃，以 300r/min 的速度搅拌 30min，冷却至室温，得溶液 A。

将环烷酸锌、肉豆蔻酸异丙酯、油磺酸钠、二氧化硫脲加入二乙二醇甲醚和丙二醇中，加热至 70℃，以 500r/min 的速度搅拌 600min，冷却至室温，得溶液 B。

将溶液 B 加入溶液 A 中，搅拌均匀，再依次加入椰油酰两性基二乙酸二钠、十八烷基二羟乙基氧化胺，以 500r/min 的速度搅拌 300min，再加入甲基异噻唑啉酮和壬基酚聚氧乙烯醚，搅拌至均匀，调溶液 pH 值到 7，即成。

性质与用途：本产品稳定性好，放置半年后也不存在分层或凝聚现象，同时 5min 内对油墨的去污率高，对印刷机械及耗材不产生损害，可保证良好的印刷效果，非常适合印刷行业作为油墨专用清洗剂。

配方 37　油墨清洗/稀释剂

组　分	配比(质量份)	组　分	配比(质量份)
丁二酸二甲酯	10	水	2
戊二酸二甲酯	25	3-甲氧基-1-丙醇	8
己二酸二甲酯	5	大豆卵磷脂	10
异丙醇	30	石油醚	10

制备方法：高速搅拌下，将各组分混合至均匀即成。

性质与用途：本产品用于印刷设备（如胶辊表面）等残留油墨的清洗。也可用作油墨稀释剂。

配方 38　硬表面油墨擦洗剂

组　分	配比(质量份)	组　分	配比(质量份)
甲乙酮	33.3	十二烷基苯磺酸钠/吐温-80(1∶1)	33.4
混合芳烃(沸点 165℃)	33.3		

制备方法：将各组分混合至均匀即成。

性质与用途：本产品用于清洗硬表面上黏着的油墨。

配方 39　溶剂型油墨清洗剂

组　分	配比(质量份)	组　分	配比(质量份)
十二烷基聚氧乙烯醚	5	汽油	加至 100
十二烷基二甲基氧化胺	0.5		

制备方法：将各组分混合至均匀即成。

性质与用途：本产品用于清洗油墨和机油，比单纯使用汽油的去污力好。

配方 40　通用型油墨清洗剂

组　分	配比(质量份)	组　分	配比(质量份)
乙醇(95%)	38	壬基酚聚氧乙烯醚	12
氢氧化钾溶液(1%)	36	油酸	14

制备方法：将乙醇、壬基酚聚氧乙烯醚和油酸混合均匀，再加入氢氧化钾溶液，混合至均匀即成。

性质与用途：本产品用于清洗印刷板、油辊及黏有油墨的物件。

配方 41　新助剂型水基油墨清洗剂

组　分	配比(质量份)	组　分	配比(质量份)
聚乙二醇	10	脂肪醇聚氧乙烯醚	6
棕榈油	4	肌醇六聚乙二醇	2
草酸	10	十二烷基磺酸钠	3
聚烯酸	4	助剂	2
失水山梨醇脂肪酸酯聚氧乙烯醚	4	水	90

制备方法：所述助剂由下列原料（质量份）制成，木质素（4）、有机硅表面活性剂 Silwet408（4）、N-十六酰胺甜菜碱（2）、硅烷偶联剂 KH-580（2）、乙醇（10）；制备方法是将硅烷偶联剂 KH-580、木质素、N-十六酰胺甜菜碱、乙醇混合，升温至 50℃，搅拌 30min，再加入其余组分，升温至 65℃，搅拌 40min，即得。

将聚乙二醇、草酸、棕榈油、聚烯酸、失水山梨醇脂肪酸酯聚氧乙烯醚、脂肪醇聚氧乙烯醚和肌醇六聚乙二醇加入部分水中，加热至 60℃并保持温度，混合至溶解，再加入十二烷基磺酸钠、助剂和余量水，混合至均匀，最后以 3000r/min 的速度搅拌 3min，冷却至室温，即成。

性质与用途：本产品添加助剂，改善了工艺性能，去污效率高，不具腐蚀性，性能稳定。本剂闪点高，高达95～100℃，无挥发，减少了毒副作用和对环境的污染。

配方42　不伤手型水基油墨清洗剂

组　　分	配比(质量份)	组　　分	配比(质量份)
乙酸乙酯	5	乙二胺四乙酸二钠	0.5
二乙二醇甲醚	5	三乙醇胺	1
脂肪醇聚氧乙烯(9)醚(AEO-9)	1	苯并三氮唑	3
十二烷基苯磺酸钠(LAS)	0.5	水	加至100

制备方法：将AEO-9、LAS、乙二胺四乙酸二钠、乙酸乙酯、二乙二醇甲醚加入水中，充分搅拌至溶解，再加入三乙醇胺和苯并三氮唑，混合至透明澄清即成。

性质与用途：本产品对印刷设备上附着的油墨清洗率达95％以上，经复配使稳定性得到了很大的提高，1个月以上不发生分层，不腐蚀金属设备，无刺激性气味，使用安全，不损伤皮肤。

配方43　水基油墨清洗剂

组　　分	配比(质量份)	组　　分	配比(质量份)
1-甲基-2-吡咯烷酮	4	乙二胺四乙酸二钠	3
异丙醇	2	尿素	1
脂肪醇聚氧乙烯醚磷酸酯(MOA-3p)	2	苯并三氮唑	1
十二烷基磺酸钠(LAS)	1	苯甲酸钠	1
烷基酚聚氧乙烯醚(OP-10)	1	水	加至100

制备方法：将MOA-3p、LAS、OP-10、乙二胺四乙酸二钠、1-甲基-2-吡咯烷酮、异丙醇加入水中，充分搅拌至溶解，再加入尿素、苯并三氮唑和苯甲酸钠，混合至透明澄清即成。

性质与用途：本产品可以高效去除印刷板上的除墨。

配方44　不可燃型水基油墨清洗剂

组　　分	配比(质量份)	组　　分	配比(质量份)
辛基酚聚氧乙烯醚	20	二甲基硅油	2
磺酸钠	5	六亚甲基四胺	1
二乙醇胺	1	柠檬酸	1
草酸	1	油酸三乙醇胺皂	1
苯甲酸钠	5	助剂	4
甲基椰油酰基牛磺酸钠	2	水	加至100
二甲苯磺酸钠	1		

制备方法：所述助剂由下列原料（质量份）制成，硅烷偶联剂KH-570（3）、蓖麻油酸（2）、茶多酚（2）、单硬脂酸甘油酯（4）、新戊二醇（2）、对叔丁基苯甲酸（4）、抗氧化剂（1）、乙醇（15）；制备方法是将硅烷偶联剂KH-

570、蓖麻油酸、乙醇混合，加热至 60～70℃，搅拌 30min，再加入其余组分，升温至 80～85℃，搅拌 40min，即得助剂。

将磺酸钠、二乙醇胺、草酸、二甲苯磺酸钠、二甲基硅油、六亚甲基四胺、柠檬酸加至一半的水中，升温至 65～75℃，混合至完全溶解，再加入辛基酚聚氧乙烯醚、苯甲酸钠、甲基椰油酰基牛磺酸钠、油酸三乙醇胺皂，升温至 80～90℃，以 1300～1400r/min 的转速搅拌 6min，即成。

性质与用途：本产品对油墨有优良的溶解稀释能力，去污效率高，无毒害、无污染，不易燃不易爆，使用方便，成本低。

配方 45　UV 光固油墨清洗剂

组　　　分	配比(质量份)	组　　　分	配比(质量份)
乙醇	25	氢氧化钠	0.1
正丁醇	70		

制备方法：将各组分混合至均匀即成。

性质与用途：本产品由醇类溶剂和碱性化合物组成，两者可发生协同作用，使印刷油墨层发生溶胀，获得了良好的清洗效果。

配方 46　玻璃数码喷绘油墨清洗剂

组　　　分	配比(质量份)	组　　　分	配比(质量份)
1-(2-甲氧基-1-甲基乙氧基)异丙醇	93	异丁酸甲酯	1.5
三丙二醇单甲醚	4	乙二醇乙醚	1.5

制备方法：将各组分混合至均匀即成。

性质与用途：本产品用于玻璃数码喷绘打印氧化铋基油墨的清洗，挥发速度快，清洗效果好。本剂主要成分和玻璃数码喷绘打印用氧化铋基油墨溶剂主要成分基本相同，与油墨具有互溶性，可在喷墨打印过程中同时进行清洗，在保护设备的同时，减少了清洗时间，提高了生产效率。

配方 47　聚碳酸酯油墨清洗剂

组　　　分	配比(质量份)	组　　　分	配比(质量份)
脂肪醇聚氧乙烯醚	0.1	二丙醇酮	60
纯水	9.9	乙醇	30

制备方法：将脂肪醇聚氧乙烯醚加入纯水中，混合至溶解，再加入二丙酮醇和乙醇，混合至均匀，即成。

性质与用途：本产品中有效成分二丙酮醇，不但可以有效清洗聚碳酸酯用丝印油墨，同时对聚碳酸酯材料无腐蚀，减少了聚碳酸酯材料的浪费。本剂生产成本低，所选试剂中有机醇类易挥发，缩短了聚碳酸酯重新用丝印油墨的时间，提高生产效率，同时本剂对环境无污染。

配方 48　塑料表面油墨清洗剂

组　分	配比(质量份)	组　分	配比(质量份)
乙酸正丁酯	30	辛基酚聚氧乙烯醚(OP-10)	10
亚硫酸氢钠	10	乙醇溶液(70%)	42
乙二胺四乙酸二钠	8		

制备方法：将乙酸正丁酯加入乙醇溶液中，混合至均匀，在 100r/min 速度的搅拌下，加入 OP-10，混合至溶解，最后加入亚硫酸氢钠和乙二胺四乙酸二钠，混合至均匀，即成。

性质与用途：本产品配方简单、清洗效果好、清洗速度快、毒性小、无腐蚀性，对废旧塑料薄膜类印品，首次清洗后塑料透明度可达 90% 以上。本剂在进行废旧塑料印品表面油墨清洗时，不需要添加任何碱性试剂，不添加酮类有毒挥发性有机溶剂，清洗溶液近中性，脱墨时不需加热，挥发性小，对人体无伤害，环境污染小，对废旧塑料回用性能无不良影响，达到了废旧塑料印品表面油墨清洗剂的使用要求。

配方 49　五金件表面油墨清洗剂

组　分	配比(质量份)	组　分	配比(质量份)
磷酸(85%)	10	壬基酚聚氧乙烯醚	1
羟基亚乙基二膦酸	15	水	44
二丙二醇甲醚	30		

制备方法：良好搅拌下，将磷酸缓缓加入水中，再加入其余组分，混合至均匀，即成。

性质与用途：本产品与水按 1∶16 (体积比) 稀释，浸泡待处理工件 30s，擦洗即可去除五金件表面油墨，清洗方便，使用效果好。

配方 50　PVC 表面油墨清洗剂

组　分	配比(质量份)	组　分	配比(质量份)
苯乙烯	10.7	复合乳化剂	0.3
甲基丙烯酸羟乙酯	8.5	三乙胺	1.9
氯乙烯基二苯基一氯硅烷	7.5	偶氮二异丁腈	0.2
丙烯酸	1.5	去离子水	68
丙酮/N-甲基吡咯烷酮	1.4		

制备方法：所述复合乳化剂由烷基酚聚氧乙烯醚、十二烷基苯磺酸钠、OP-10 按照质量比 2∶2∶1 组成。

氮气保护下，向反应器中加入 5.35 份苯乙烯溶于 0.4 份丙酮/N-甲基吡咯烷酮的混合溶剂中，缓慢升温至 60℃，混合至均匀；将 7.5 份氯乙烯基二苯基一氯硅烷溶于 0.4 份丙酮/N-甲基吡咯烷酮的混合溶剂中，加入反应器中，升温至 75℃，反应 0.5h；再加入 5.35 份苯乙烯、0.1 份偶氮二异丁腈与 0.3 份丙酮/N-甲基吡咯烷酮混合溶液、0.3 份复合乳化剂和 8.5 份甲基丙烯酸羟乙酯，在 75℃下反应 3h；体系降温至 55℃，逐滴加入 1.5 份丙烯酸、加入 0.1 份偶氮二异丁腈与 0.3 份丙酮/N-甲基吡咯烷酮混合溶液，升温至 72℃，反应 1.5h；体系降温至 55℃，加入 68 份去离子水和 1.9 份三乙胺，快速搅拌 10min，即成。

性质与用途：本产品对 PVC 膜用油墨中 PVC 树脂的溶解反应温和，而且不包含强腐蚀性的溶剂，不会对 PVC 膜造成损害。

配方 51　皮肤表面油墨清洗剂

组　　　分	配比(质量份)	组　　　分	配比(质量份)
壬基酚聚氧乙烯醚	10～12	油酸	10～15
肉豆蔻酸异丙酯	8～10	氢氧化钠	1.5～3
液体石蜡	20～30	水	加至 100

制备方法：将氢氧化钠溶于水中，再加入壬基酚聚氧乙烯醚、肉豆蔻酸异丙酯、液体石蜡及油酸，混合至均匀即成。

性质与用途：将本产品搽在沾有油墨或油漆的皮肤上，稍待片刻，用布或纸擦除污物，再用适量水或洗涤剂洗净。

5.3　废纸脱墨剂

利用旧报纸、旧杂志、旧书、纸屑等废纸制造再生浆，在木材资源紧张的情况下，不仅可以节省纸浆原料，保护资源，还可以降低成本，简化工艺，减少垃圾处理量以及制浆过程中的三废，对造纸工业具有十分重要的意义。

利用废纸制浆的关键是筛选净化和除去杂质。利用印刷废纸制浆，关键是脱墨，为此就需要使用脱墨剂，由于脱墨剂也用于清洗油墨，因此也放在这一章进行讨论。

常用的废纸脱墨方法有洗涤脱墨法和浮选脱墨法两种。

(1) 洗涤脱墨法　利用表面活性剂对纸上油墨的润湿、渗透、乳化、增溶等作用，使油墨分散成微细粒子，从而有效地从浆中清洗出来。表面活性剂的增溶作用是决定洗涤除墨效果的重要影响因素之一。用于洗涤除墨法的除墨剂一般选择临界胶束浓度小、增溶能力强的非离子型表面活性剂，如脂肪醇聚氧乙烯醚或烷基酚聚氧乙烯醚。

(2) 浮选脱墨法　是在蒸煮后的废纸浆中加入脱墨剂和少量发泡剂，在室温下鼓入空气进行浮选分离，油墨、颜料等杂质随泡沫除去。浮选脱墨时，要求油墨粒子具有较大粒度（大于 $40\mu m$），以便更有效地黏附于气泡中，从而随同泡沫除去。浮选脱墨中使用的脱墨剂（或发泡剂）有烷基硫酸盐、烷基苯磺酸盐等阴离子表面活性剂。

配方 52　洗涤脱墨用 AE 型清洗剂

组　分	配比(质量份)	组　分	配比(质量份)
C_{12} 脂肪醇聚氧乙烯(5)醚	30	C_{16} 脂肪醇聚氧乙烯(10)酯	40
C_{16} 脂肪醇聚氧乙烯(9)聚氧丙烯(2)醚	30		

制备方法：将各组分混合至均匀即成。

性质与用途：本产品由三种非离子型表面活性剂组成，具有良好的渗透作用和乳化、清洗效果，还具有低泡、抑泡功能，且具有良好的分散防沉积性能，适用于洗涤脱墨法。

将混合废纸（报纸、书本纸）切成 1cm×1cm 的小碎片，将废纸小碎片 1kg，加 19kg 水浸泡 10min，然后用粉碎机打成废纸浆，然后加入本脱墨剂和助剂（用量以干废纸重计，脱墨剂 0.4%、氢氧化钠 2%、双氧水 1%、偏硅酸钠 3%），在 60℃水浴中熟化 60min，用 80 目网袋清洗至洗液清澈（清洗 5 次），然后制成纸片烘干。

配方 53　洗涤脱墨用碱性清洗剂

组　分	配比(质量份)	组　分	配比(质量份)
偏硅酸钠	4.5	聚氧乙烯山梨糖醇酐单硬脂酸酯	0.6
烷基苯磺酸钠	3	氢氧化钠	1

制备方法：将各组分混合至呈自由流动的粉末，即成。

性质与用途：本产品使用无机药品作为主要脱墨剂，通过脱墨，能有效使废纸纤维恢复原来的净化度、白度及原纤维的柔软性，使纸张具有较好的书写性能。

将本剂配制成 5% 的水溶液投入反应池，水温升至 50℃，然后将废纸投入池中浸泡 2h，脱墨后的浆料采用洗涤脱墨法，用圆网清洗 3 次去除油墨粒子。

配方 54　洗涤脱墨用含渗透剂清洗剂

组　分	配比(质量份)	组　分	配比(质量份)
十二烷基苯磺酸钠	15	油酸脂肪酸钠	26
壬基酚聚氧乙烯醚	8	氢氧化钠	2
烷基醇聚氧乙烯醚	8	硅酸钠	2
渗透剂	10	水	加至 100

制备方法：所述渗透剂由高效渗透剂 S-9 和渗透剂 OEP-70 按 1∶1 混合制得。将各组分加入水中，混合至均匀即成。

性质与用途：本产品脱墨效率高，成分无毒无害，可以自然降解，对环境友好。使用本剂脱墨后，脱墨效果明显，成浆白度高。

配方 55　　洗涤脱墨用乳剂型清洗剂

组　　分	配比(质量份)	组　　分	配比(质量份)
十八醇	108	氯化钙	16
大豆油	108	吐温-80	32
十二烷基苯磺酸钠	10	吐温-20	8
壬基酚聚氧乙烯醚	10	司盘-80	4.8
硅酸钠	32	水	472

制备方法：将十八醇、大豆油和水加入不锈钢搅拌槽中，升温至 75℃，混合搅拌 30min，停止加热，再依次加入其余组分，混合搅拌 10min，然后开启乳化机（高速剪切泵）乳化 20min，冷却至室温，即成。

性质与用途：本产品脱墨散浆后，浆料中油墨粒子与纤维彻底分离，且在疏解过程中，这些粒子相互黏结在一起，形成较大的球形颗粒，可通过缝筛和除渣器除去，易于浆料净化，不需要借助热分散系统。使用本剂脱墨的浆料可作为商品木浆的替代品用于制造高档文化用纸、生活用纸、白板纸等，用途广泛。

配方 56　　洗涤脱墨用含酶清洗剂

组　　分	配比(质量份)	组　　分	配比(质量份)
混合表面活性剂	40	包酶微胶囊	40
混合助剂	20		

制备方法：所述包酶微胶囊制备方法如下，将海藻酸钠配制成质量浓度为 2% 的水溶液，再加入脂肪酶和纤维素酶，质量浓度为 12%（脂肪酶和纤维素酶质量比 1∶2），搅拌均匀得溶液 A；将壳聚糖溶于 1% 的乙酸溶液中，配制质量浓度为 0.6%，调 pH 值为 5.2，搅拌使壳聚糖完全溶解，向壳聚糖溶液中加入氯化钙，使氯化钙的质量浓度为 1.5%，搅拌至溶解得溶液 B；向液体石蜡中加入司盘-80，配制成质量浓度为 4% 的乳化剂，混合至均匀得溶液 C；将以上溶液混合，利用乳化法制备包酶微胶囊，真空冷冻干燥，收集包酶微胶囊。

所述混合表面活性剂的组成为烷基醇聚氧乙烯醚磷酸酯钠（22%）、油醇硫酸钠（16%）、辛基酚聚氧乙烯醚（16%）、辛醇聚氧乙烯醚（16%）、脂肪醇聚氧乙烯醚（10%）、十二烷基苯磺酸钠（10%）、α-磺基脂肪酸甲酯（5%）和 N-油酰基-N-甲基牛磺酸钠（5%）。

所述混合助剂的组成为乙二胺四乙酸（32%）、磷酸二氢钠（27%）、硅酸钠（21%）、三氯氧磷（10%）、膨润土（10%）。

将混合表面活性剂混合均匀，再加入混合助剂，混合至溶解，调节 pH 值到 3.5，加入包酶微胶囊，混合至均匀即成，4℃条件下保存。

性质与用途：本产品为高效废纸脱墨剂，浆料得率高，白度高，且尘埃度小，在脱墨过程中，产生污染物少，污水 COD 低，处理简单，保护环境。

配方 57　浮选脱墨用含固相载体清洗剂

组　分	配比(质量份)	组　分	配比(质量份)
高岭土(300目)	10	N,N-亚甲基双丙烯酰胺	0.03
聚乙烯醇(分子量为800)	0.5	脂肪醇聚氧乙烯醚硫酸钠	10
纳米微晶纤维素溶液(10%)	40	木质素磺酸钠	5
甲基丙烯酸丁酯	3	吐温-80	1
过氧化苯甲酰	0.03		

制备方法：将高岭土和聚乙烯醇加入纳米微晶纤维素溶液中，升温至 85℃，搅拌 1h，再降温至 70℃，在氮气保护下加入甲基丙烯酸丁酯、过氧化苯甲酰和 N,N-亚甲基双丙烯酰胺，搅拌反应 2h，然后用无水乙醇和蒸馏水洗涤、干燥、研磨均匀，得复合粉体。将复合粉体与脂肪醇聚氧乙烯醚硫酸钠、木质素磺酸钠、吐温-80 按顺序加入混合器里搅拌均匀，即成。

性质与用途：本产品将高岭土和微晶纤维素复配作为吸附基质，然后用甲基丙烯酸丁酯进行接枝交联改性，赋予材料对弱极性有机物的高吸附性能，从而提高对油墨的吸附能力；并且形成的复合材料具有多孔网状结构，有利于油墨等颗粒杂质的收集。本剂改善了脱墨剂的浮选收集效果，适合浮选法脱墨工艺。

配方 58　浮选脱墨用乳剂型清洗剂

组　分	配比(质量份)	组　分	配比(质量份)
十六醇	5	脂肪醇聚氧乙烯聚氧丙烯醚	1
硬脂酸	6	聚氧乙烯聚氧丙烯无规聚醚	1
脂肪醇聚氧乙烯醚	1	水	5
脂肪醇聚氧乙烯醚硫酸钠	1		

制备方法：将各组分加入水中，混合至均匀即成。

性质与用途：废旧纸浆质量浓度为 50g/L，加入废旧纸浆质量 0.5% 的本产品，混合均匀，在 40℃ 下碎浆处理 10min，得到碎浆混合物，然后再进行浮选分离，得到再生纸。本剂处理得到的再生纸，白度为 58%，纸浆得率为 77%。

第6章
食品工业用清洗剂

　　食品工业用清洗剂用于对食品本身、食品生产设备和食品包装容器的清洗，不仅要求能去除各类污垢，还不应破坏食品的营养成分，有时还需要起到去除农药残留物和杀菌作用。

　　食品工业由于被加工对象的不同，所需清洗的污垢种类和性质也有很大差别。肉类加工时产生的污垢主要是脂肪、蛋白质和血渍；乳品加工时产生的污垢主要是蛋白质；蔬菜瓜果加工时面临的污垢主要是尘土、泥沙、部分微生物、可能残留的农药等；饮料加工时面临的污垢主要是淀粉和糖；而烘烤食品时产生的污垢主要是干性油、焦化淀粉等。污垢的种类不同，对清洗剂的要求也不同。

　　食品工业清洗剂中常具备三种主要成分：碱性物质、络合剂以及表面活性剂。碱性物质可以使污垢中的动、植物油脂皂化并溶于水，并且提高对水溶性农药的清洗效果；络合剂有助于提高去除重金属的能力；表面活性剂可以提供润湿、渗透、乳化、增溶等效果，有利于各类污垢尤其是难溶性污垢的清洗。但由于清洗后可能有微量的表面活性剂残留，只有经卫生检验确认安全无毒的表面活性剂才可以在极低浓度下使用。目前多采用的是蔗糖脂肪酸酯、烷醇酰胺、高级醇硫酸酯、脂肪醇聚氧乙烯醚硫酸盐或直链烷苯磺酸盐等表面活性剂。

　　为增强去污能力，特别是对含油脂食品污染物的去污能力，可掺入石油系溶剂，醇、醚等有机溶剂，以及它们的混合物。例如在焙烤食品过程中，高温会使食品有机物碳化，可选择乙醇为溶剂增加渗透和增溶效果。

　　针对特定的食品污垢，还可掺入特定的碱性酶以提高对其去污效果。例如：针对肉汁、血液、蛋类、乳制品等形成的污垢，可掺入蛋白酶；针对马铃薯、燕麦片、面条等易形成高黏性的糊精污垢，可掺入淀粉酶；针对植物黏液、糖类、果汁、蔬菜汁等形成的污垢，可掺入半纤维素糖化酶；针对果酱、橘皮、果汁等形成的果胶类污垢，可掺入葡萄糖氧化酶；针对油脂、脂肪类食品等形成的污垢，可掺入脂肪酶。酶的生物降解性好，且无毒，对环境无污染，与表面活性剂的复配效应好，在食品工业清洗过程中被广泛采用。

食品加工厂房的清洗也是食品工业清洗剂的重要用途。例如肉类食品生产车间的地面，常会在生产加工过程中沾满严重的油污。这些油污会导致细菌滋生繁殖，需用有强乳化能力及杀菌能力的清洗剂清洗。食品加工车间的墙壁、冷凝水管路等易潮湿的地方容易生长霉菌，需用含氯的消毒剂进行清洗。食品加工厂的下水道容易发生有机物堵塞事故，往往是食品加工残余物所致，可采用掺入碱性蛋白酶、脂肪酶和纤维素酶的复合酶型加酶清洗剂处理。

6.1　食品及原料清洗剂

配方 1　通用型食品消毒清洗剂

组　　　分	配比(质量份)	组　　　分	配比(质量份)
蔗糖脂肪酸酯	15	磷酸	0.3
甘油单脂肪酸酯	12	丙二醇	15
D-山梨醇	9	水	加至100
磷酸钾	1.5		

制备方法：将磷酸和磷酸钾加入水中，混合至溶解，再加入其余组分，混合至均匀即成。

性质与用途：本产品清洗去污能力强，且具有一定的消毒效果，对于果蔬表面的污垢、农药等可达一定洗净的效果。本剂使用方便，环保卫生，制备方便。

配方 2　通用型食品易冲洗清洗剂

组　　　分	配比(质量份)	组　　　分	配比(质量份)
辛酸/癸酸甘油三酯	5	海藻糖	25
蔗糖月桂酸酯	0.4	乙醇	35
苹果酸钠	10	水	24.6

制备方法：将各组分加入水中，混合至均匀即成。

性质与用途：本产品能够有效去除果蔬表面的油污、农残、细菌、重金属离子，对人体无毒无害。本剂水溶性好，容易冲净，不为果蔬带来二次污染。

配方 3　通用型食品保鲜清洗剂

组　　　分	配比(质量份)	组　　　分	配比(质量份)
硫酸十二酯	1～10	柠檬酸	1～12
烷基聚氧乙烯醚	0.1～4	柠檬酸钾	4～20
乙二胺四乙酸二钠	1～5	碳酸钾	1～8
维生素 C	0.5～4	丙二醇	2～20
酸式硫酸钠	0.5～2	水	10～90

制备方法：将乙二胺四乙酸二钠、酸式硫酸钠、柠檬酸、柠檬酸钾、碳酸钾

加入水中，混合至溶解，再加入硫酸十二酯和烷基聚氧乙烯醚，混合至均匀，最后加入丙二醇和维生素C，混合至均匀即成。

性质与用途：本产品可以在低温或微热下清除食品上残留的农药、肥料、防腐剂、灰渣和其他有害物质。

配方4　通用型食品含聚合物清洗剂

组　　分	配比（质量份）	组　　分	配比（质量份）
明胶水解物（分子量10000）	3	水	90
柠檬酸钠	7		

制备方法：将各组分加入水中，混合至均匀即成。

性质与用途：本产品低泡，且不刺激皮肤，对果蔬表面的有害残留物的分解去除十分有效，且使用方便，对人体皮肤无刺激，使用安全可靠。

配方5　通用型食品高浓缩清洗剂

组　　分	配比（质量份）	组　　分	配比（质量份）
辛酸单甘油酯	9.2	乙醇	10
蔗糖单油酸酯	0.8	山梨醇	20
苹果酸钠	20	水	40

制备方法：将各组分加入水中，混合至均匀即成。

性质与用途：本产品对多种污渍均有较强去除效果，分解污渍能力强，且生产和使用过程中无毒无害，长期使用并无化学残留。本剂可稀释到较低浓度使用，依然具有良好的清洗效果。

配方6　食品泡沫喷射清洗剂

组　　分	配比（质量份）	组　　分	配比（质量份）
油酸	2.66	聚乙二醇（分子量3500）	0.5
氢氧化钾	2.34	乙醇	2
碳酸氢钠	2	水	90
柠檬酸	0.5		

制备方法：将氢氧化钾、碳酸氢钠和柠檬酸加入水中，混合至溶解，再加入其余组分，混合至均匀即成。

性质与用途：本产品喷射到食品或肉类表面时呈泡沫状，此泡沫有助于看清已清洗的区域，并能延长清洗剂与食品表面的接触时间，提高清洗效果。

配方7　机械清洗叶菜清洗剂

组　　分	配比（质量份）	组　　分	配比（质量份）
烷基苯磺酸钠	25	防枯萎剂	2
乙醇	16	水	57

制备方法：将各组分混合至均匀即成。

性质与用途：本产品稀释200倍（体积）使用，用于清洗附有蛔虫卵的蔬菜，可清除虫卵 90％ 以上。

配方 8　机械清洗果蔬用清洗剂

组　　分	配比(质量份)	组　　分	配比(质量份)
烷基苯磺酸钠	30	乙醇	12.5
椰子油脂肪酸二乙醇酰胺	10	水	47.5

制备方法：将各组分混合至均匀即成。

性质与用途：本产品稀释 200 倍（体积）使用，可以有效地去除残留在果蔬上的农药，同时具有安全高效的杀菌能力，有着极佳的清洗作用和消毒效果。

配方 9　瓜果蔬菜弱酸性清洗剂

组　　分	配比(质量份)	组　　分	配比(质量份)
富马酸	30	乙醇	10
甘油单癸酸酯	5	水	54
汉生胶	1		

制备方法：将各组分按顺序溶于水中，混合至均匀即成。

性质与用途：本产品使用时稀释成 0.05％ 的溶液，清洁性极强，可杀死水果、蔬菜中的细菌，预防病菌的传染，环保安全。

配方 10　瓜果蔬菜去农残清洗剂

组　　分	配比(质量份)	组　　分	配比(质量份)
椰子油	10	乙醇	30
氯化钠	20	水	40

制备方法：将氯化钠溶于水中得水溶液；将椰子油溶于乙醇中得醇溶液；最后将前述两溶液混合至均匀即成。

性质与用途：本产品用水稀释 100 倍使用，不但具有良好的去油污能力和去除农药残留的清洗效果，而且易清洗，不易残留在果蔬表面。

配方 11　瓜果蔬菜浸泡清洗剂

组　　分	配比(质量份)	组　　分	配比(质量份)
六聚甘油单油酸酯	10	甘油	5
六偏磷酸钠	15	水	50
丙二醇	20		

制备方法：将各组分溶于水中，混合至均匀即成。

性质与用途：本产品可用于浸泡清洗瓜果和蔬菜，可以去除虫卵、昆虫残骸、残留农药等。本剂可以去除西红柿表面波尔多液的残留物。

配方 12　瓜果蔬菜抗微生物清洗剂

组　　分	配比(质量份)	组　　分	配比(质量份)
油酸钠	5	乙醇	5
磷酸二氢钠	0.2	水	89.8

制备方法：将各组分溶于水中，混合至均匀即成。

性质与用途：本产品为抗微生物清洗剂，具有良好的消毒和杀菌性能，可用于水果、蔬菜、食品的消毒和清洗。

配方13 瓜果蔬菜含植物淀粉清洗剂

组　　分	配比(质量份)	组　　分	配比(质量份)
豌豆淀粉	62	柠檬酸钠	31
甲基羟丙基纤维素溶液(10%)	6.2	苯甲酸钠	0.8

制备方法：将豌豆淀粉加入甲基羟丙基纤维素溶液中，混合至均匀，加入柠檬酸钠和苯甲酸钠，混合至完全溶解即成。

性质与用途：每升水加10g本产品，配制成清洗溶液，不但能洗除水果、蔬菜上的污物和微生物，而且不会改变果蔬味道。

配方14 瓜果蔬菜杀菌清洗剂

组　　分	配比(质量份)	组　　分	配比(质量份)
碘化钾	6	柠檬酸	3.5
对碘苯甲醚	4	库拉索芦荟提取液	7
单硬脂酸甘油酯	2.5	甘草酸	5
硫酸钡	3	醋酸氯已定	3
乙二胺四乙酸二钠	2.4	脂肪醇聚氧乙烯醚	4.5
山梨醇	3	去离子水	加至100
聚丙烯酸	2.4		

制备方法：将各组分溶于去离子水中，混合至均匀即成。

性质与用途：本产品为抗微生物清洗剂，具有良好的消毒和杀菌性能，可用于水果、蔬菜、食品的消毒和清洗。

配方15 瓜果蔬菜中泡清洗剂

组　　分	配比(质量份)	组　　分	配比(质量份)
月桂醇聚氧乙烯(9)醚	5	乙醇	10
油醇聚氧乙烯(7)醚	4	三乙醇胺	4
十二烷基苯磺酸钠	1	苯甲酸钠	0.5
椰子油脂肪酸二乙醇酰胺	4	水	71.5

制备方法：将苯甲酸钠溶于水中，升温至50℃，再依次加入乙醇、三乙醇胺、椰子油脂肪酸二乙醇酰胺、月桂醇聚氧乙烯（9）醚、油醇聚氧乙烯（7）醚和十二烷基苯磺酸钠，混合至均匀即成。

性质与用途：本产品泡沫适中，去污力好，无毒无害，有明显的乳化去污功能，有一定的杀菌效果，适用于清洗水果蔬菜，对其他食品也有较好的清洗效果。

配方 16　瓜果蔬菜全效清洗剂

组　　分	配比(质量份)	组　　分	配比(质量份)
过碳酸钠	58	双乙酸钠	5
脂肪酸甲酯磺酸钠	9	乳酸链球菌素	2.8
蔗糖脂肪酸酯	6	枸橼酸	2.5
大豆磷脂	1.2	硫酸锰	0.5
竹炭粉(2500目)	16	无水硫酸钠	14
海藻酸钠	22	小苏打	8
枸橼酸钠	2	氯化钠	4
谷氨酸二乙酸四钠	0.8		

制备方法：将各组分混合至呈自由流动的粉末即成。

性质与用途：本产品加十倍质量的水，配制成清洗溶液。果蔬浸泡在清洗溶液中 1～3min，清水洗净即可。本剂可使果蔬中的农药残留、蜡质、病菌等降解或杀灭，从而保证果蔬产品的食用安全性。

配方 17　瓜果蔬菜含茶皂素清洗剂

组　　分	配比(质量份)	组　　分	配比(质量份)
茶皂素	6	氯化钠	0.25
碳酸钠	0.1	羟乙基纤维素	1
烷基糖苷(APG0810)	12	山梨醇	9
苯甲酸钠	0.2	去离子水	加至100

制备方法：将羟乙基纤维素加入一半的去离子水中，混合至充分溶胀成均匀的膏状液体；将茶皂素加入另一半的去离子水中，升温至 60℃，搅拌 40min，再加入碳酸钠、APG0810、苯甲酸钠、氯化钠和山梨醇，混合至溶解，降至室温，最后加入前述膏状液体，混合至均匀即成。

性质与用途：本产品采用的茶皂素是一种多用途的天然非离子型表面活性剂，具有良好的乳化、分散、润滑等活性作用，并具有消炎、抗菌和抗氧化等特性。本剂去油污能力强，清洗农药残留效果好，极易冲洗，降低食用果蔬时可能影响人体健康的风险。

配方 18　肉类清洗剂

组　　分	配比(质量份)	组　　分	配比(质量份)
磷酸二氢钠	4	司盘-60	3
磷酸氢二钠	3	吐温-60	3
丙二醇	10	精制水	70
蔗糖脂肪酸酯	7		

制备方法：将磷酸二氢钠和磷酸氢二钠溶于精制水中得水溶液；将蔗糖脂肪酸酯、司盘-60 和吐温-60 溶于丙二醇中得醇溶液；然后将水溶液与醇溶液混合至均匀即成。

性质与用途：本产品的稀释溶液可广泛适用于各种肉类清洗，安全无毒，且温和无异味，无腐蚀性，能够安全清洗肉类食品表面的细菌及污物。

配方 19　鱼肉清洗剂

组　分	配比(质量份)	组　分	配比(质量份)
蔗糖脂肪酸酯	5	磷酸钠	4
硫酸钠	50.5	羧甲基纤维素	0.5
三聚磷酸钠	40		

制备方法：将各组分混合至均匀即成。

性质与用途：本产品用于鱼类宰割后的洗涤，使用时将清洗剂溶于水，以浸泡的方式洗涤宰割后的鱼类、贝类水产品，然后用水冲洗，不仅能去污，还能改进鱼类的质量。本剂安全无毒，且有防腐保鲜的性能。

配方 20　鱼类去油污清洗剂

组　分	配比(质量份)	组　分	配比(质量份)
蔗糖脂肪酸酯	2	硫酸钠	45
失水山梨醇脂肪酸酯	8	硫酸镁	20
三聚磷酸钠	20	丁二酸二钠	5

制备方法：将各组分混合至均匀即成。

性质与用途：本产品呈碱性，并且有很好的亲油性，能够有效地去除宰割后的鱼类、贝类表面的油脂类污垢，并能够很好地吸附肉上会沾染的灰土等脏物。

配方 21　禽蛋外壳消毒用清洗剂

组　分	配比(质量份)	组　分	配比(质量份)
二氯异氰尿酸钠	7～15	三聚磷酸钠	25
十二烷基三甲基溴化铵	3	硫酸钠	加至 100
硅酸钠	10		

制备方法：将各组分混合至呈自由流动的粉末即成。

性质与用途：本产品加水配成1%稀溶液使用，可以有效去除禽蛋外壳表面的粪便、毛类等污垢，并能有效地防止禽类病毒的传播。本剂适用于自动机械清洗。

6.2　食品工业用设备清洗剂

配方 22　食品加工设备碱性含氯清洗剂

组　分	配比(质量份)	组　分	配比(质量份)
40%聚羧酸钠溶液(分子量 5000)	7.1	三聚磷酸钠	0.9
十二烷基二甲基氧化胺	1.8	氢氧化钠	13.3
十四烷基硫酸钠	4.4	次氯酸钠溶液(15%)	72.5

制备方法：将各组分混合至均匀即成。

性质与用途：清洗时，先用水压为 1～15MPa 的水冲洗食品工业设备 10～20min，然后用本产品清洗 3～7min，再用水压 1～15MPa 的水冲洗 8～12min，即可达到令人满意的清洗效果。

配方 23　食品加工设备磷酸清洗剂

组　　分	配比(质量份)	组　　分	配比(质量份)
磷酸(85%)	40	乳酸	12
脂肪醇聚氧乙烯醚	1.5	水	36.5
二癸基二甲基氯化铵	10		

制备方法：良好搅拌下，将磷酸缓慢加入水中，再依次加入其余组分，混合至均匀即成。

性质与用途：本产品具有杀菌功效，使用浓度为 0.25% 时可抑制酿酒酵母增长。本剂是食品工业设备极好的清洗剂。

配方 24　食品加工设备泡沫清洗剂

组　　分	配比(质量份)	组　　分	配比(质量份)
仲烷基磺酸钠	0.2	月桂醇聚氧乙烯醚硫酸酯钠	1
十二烷基二苯醚二磺酸钠盐	2	氢氧化钾	3
辛基酚聚氧乙烯醚	1	聚丙烯酸(分子量 4500)	0.9
十二烷基二甲基氧化胺	2	次氯酸钠溶液(15%)	13
癸基二甲基氧化胺	0.3	水	76.6

制备方法：将各组分加入水中，混合至均匀即成。

性质与用途：本产品是一种碱性含氯泡沫清洗剂，可以清洗不规则的食品加工设备，具有易冲洗、清洗效率高、抗再沉积能力强等优点，能溶解生产残垢中的有机污垢，如乳脂肪、蛋白质等，还能有效地抑制微生物滋生。

配方 25　食品加工设备除霉洗涤剂

组　　分	配比(质量份)	组　　分	配比(质量份)
五聚甘油单月硅酸酯	10	丙二醇	30
蔗糖单月硅酸酯	10	水	加至 100

制备方法：将各组分溶于水中，混合至均匀即成。

性质与用途：本产品毒性低，去污力强，可除去表面霉菌，可用于食品加工机械和食品的清洗。

配方 26　食品加工设备及场地清洗剂

组　　分	配比(质量份)	组　　分	配比(质量份)
壬基酚聚氧乙烯(6)醚	36.8	三聚磷酸钠	21.1
硅酸钠	26.3	二甲苯磺酸钠溶液(40%)	15.8

制备方法：将分组分混合至均匀即成。

性质与用途：本产品可用于清洗乳制品、清凉饮料和其他食品加工设备的现场，配方中还可以添加碘化物。

配方 27　食品加工设备消毒清洗剂

组　分	配比（质量份）	组　分	配比（质量份）
次氯酸钙	30	氨基磺酸	5
硫酸钠	40	十二烷基苯磺酸钠	5
马来酸	20		

制备方法：将各组分混合至呈自由流动的粉末，即成。

性质与用途：本产品为粉状清洗剂，可以高效地清除奶垢和钙垢，并有杀菌活性，适用于乳制品加工设备的清洗。

配方 28　低泡消毒清洗剂

组　分	配比（质量份）	组　分	配比（质量份）
氨基磺酸	90.5	碘化钾	2.5
聚乙烯吡咯烷酮	5	过硼酸钠	2

制备方法：将各组分混合至呈自由流动的粉末，即成。

性质与用途：本产品加入适量水中溶液，配制成含量低于 80mg/L 有效碘的低泡清洗剂，可用于清洗乳品厂和酒厂的设备。

配方 29　消毒低腐蚀性清洗剂

组　分	配比（质量份）	组　分	配比（质量份）
碘	1.3	盐酸	3.17
氢氧化钠	1	硝酸	4
碘化钾	0.57	水	加至 100

制备方法：将碘和氢氧化钠加入水中，搅拌至溶解后，再加入碘化钾，然后在搅拌下依次缓慢加入盐酸和硝酸，混合至均匀即成。

性质与用途：本产品含碘 0.17%、硝酸 20.5%，主要用于不锈钢食品设备的消毒清洗。

配方 30　牛奶生产设备消毒刷洗剂

组　分	配比（质量份）	组　分	配比（质量份）
水玻璃（相对密度 1.53～1.56）	49	直链烷基磺酸钠水溶液（23%）	1
次氯酸钠水溶液（含 13.2%活性氯）	50		

制备方法：良好搅拌下，依次将次氯酸钠水溶液和直链烷基磺酸钠水溶液加入水玻璃中，混合至均匀即成。

性质与用途：本产品含 SiO_2 15%、Na_2O 9.8%、活性氯 6.6%，密度为 1.390g/mL，适用于刷洗或喷雾清洗，可高效地清洗牛奶工业设备。

配方 31　牛奶生产设备含酶清洗剂

组　　分	配比(质量份)	组　　分	配比(质量份)
胃蛋白酶	5	蛋白酶 A	10
辛基酚聚氧乙烯醚(OP-10)	3	脂肪酶	2
富马酸	30	丙二醇	40
柠檬酸	10		

　　制备方法：将胃蛋白酶单独分装，其余组分混合至均匀后分装，即成。

　　性质与用途：本产品使用前加水配制成 0.25% 的溶液，可用于牛奶设备的清洗。

配方 32　牛奶生产设备消毒清洗剂

组　　分	配比(质量份)	组　　分	配比(质量份)
苯扎氯铵溶液(50%)	10	异丙醇	3
月桂基甜菜碱溶液(35%)	8	乙二胺四乙酸	1.5
磷酸钠	4	水	69.5
焦磷酸钾	4		

　　制备方法：将焦磷酸钾和磷酸钠溶于水中，混合至溶解，再加入其他组分，混合至均匀，避免发泡，即成。

　　性质与用途：本产品适用于牛奶生产线的清洗，同时可以起到消毒的作用。

配方 33　牛奶生产设备洗净、消毒、除垢剂

组　　分	配比(质量份)	组　　分	配比(质量份)
含20%碘的壬基酚聚氧乙烯(4)醚	2	磷酸(85%)	53
1,2-二甲基萘磺酸钠	3	水	42

　　制备方法：良好搅拌下，将磷酸缓慢加入水中，再加入其余组分，混合至均匀即成。

　　性质与用途：本产品含有脂溶性组分、碘和增溶性组分，可形成少量泡沫，具有洗净、消毒、去积垢多种功能，特别适用于牛奶加工设备的清洗。

配方 34　乳品工业用消毒清洗剂

组　　分	配比(质量份)	组　　分	配比(质量份)
十八烷基三甲基氧化胺	0.5	氢氧化钠	4
己基聚氧乙烯醚乙酸钠	3	水	加至100
氨三乙酸	20		

　　制备方法：将各组分溶于水中，混合至均匀即成。

　　性质与用途：本产品适用于乳制品加工设备的清洗和消毒，可达到良好的洁净和杀菌效果。

配方 35　乳品工业用高效消毒清洗剂

组　　分	配比（质量份）	组　　分	配比（质量份）
烷基三甲基氯化铵	16	氢氧化钠	1
烷基酚聚氧乙烯醚	4	乙二胺四乙酸	0.5
甲基溶纤剂	8	异丙醇	25
苄醇	2	乙二醇	8
硼砂	5	水	加至 100

制备方法：将氢氧化钠和乙二胺四乙酸加入水中，混合至均匀，再依次加入烷基三甲基氯化铵、烷基酚聚氧乙烯醚、甲基溶纤剂、苄醇和硼砂，加入下一组分前需确认前一组分充分溶解，再加入其余组分，混合至均匀即成。

性质与用途：本产品用于清洗乳制品设备，具有杀菌效果，清洗时间短。

配方 36　乳品工业用碱性清洗剂

组　　分	配比（质量份）	组　　分	配比（质量份）
十二烷基聚氧乙烯醚	5	偏硅酸钠	35
三聚磷酸钠	35	硫酸钠	22
十二烷基苯磺酸钠	3		

制备方法：将各组分混合至呈自由流动的粉末即成。

性质与用途：本产品适用于手工操作，但不适用于循环清洗。

配方 37　乳品加工设备清洗剂

组　　分	配比（质量份）	组　　分	配比（质量份）
烷基三甲基氯化铵	1～30	尿素	0.1～15
十二烷基硫酸单乙醇胺	1～20	硅酸钠	5～20
C_{10}～C_{11} 脂肪酸单乙醇酰胺	1～15	水	加至 100

制备方法：将尿素和硅酸钠加入水中，混合至溶解，再加入其余组分，混合至均匀即成。

性质与用途：本产品用于清洗乳品加工设备，清洗性和消毒性俱佳。

配方 38　乳品加工设备低泡清洗剂

组　　分	配比（质量份）	组　　分	配比（质量份）
三聚磷酸钠	6.0	聚氧乙烯月桂醇醚单乙醇胺磷酸盐	1.5
碳酸钠	4.0	乙二醇	2.0
乙二胺四乙酸四钠	8.0	水	加至 100

制备方法：将三聚磷酸钠、碳酸钠和乙二胺四乙酸四钠加入水中，混合至溶解，再加入其余组分，混合至均匀即成。

性质与用途：本产品通过配伍大大提高了乙二胺四乙酸的消毒能力，特别是对病原微生物的消毒能力。本剂可用于机械方式清洗各种容器和包装物，也可用于去除食品工业和乳品加工时所碰到的各种污垢，清洗时泡沫少，去污力好。本剂具有良好的水溶性和生物降解性，无腐蚀性，对手无刺激性，也不会对周围环境造成污染。

配方 39　乳品加工设备含氯清洗剂

组　　分	配比(质量份)	组　　分	配比(质量份)
偏硅酸钠	14~18	聚乙二醇或乙二醇与丙二醇共聚物	0.5~2
三聚磷酸钠	3~5	水	16~24
乙酸钠	3~5	次氯酸钠(15 %)	加至 100
氟硅酸钠	0.2~0.3		

制备方法：将次氯酸钠以外的各组分加入水中，混合至均匀，再加入次氯酸钠溶液，混合至均匀即成。

性质与用途：本产品为导乳管和挤奶装置用消毒清洗剂，配方中加入了乙酸钠和氟硅酸钠，因此提高了去污能力和消毒能力。

配方 40　食品、食品容器和食品加工设备无毒清洗剂

组　　分	配比(质量份)	组　　分	配比(质量份)
十四酸蔗糖酯	33	柠檬酸钠	67

制备方法：将各组分混合至均匀即成。

性质与用途：本产品用水配制成 0.5 %的溶液使用，可用于食品、食品容器和食品加工设备的清洗，安全性高，去污力好，无毒无害，不刺激皮肤，对环境友好。

配方 41　食品加工与餐饮业清洗剂（管道用）

组　　分	配比(质量份)	组　　分	配比(质量份)
焦亚磷酸四钾(60%)	0~25	次氯酸钠溶液(15%)	5~20
氢氧化钾	25~40	水	加至 100
硅酸钾	0~8		

制备方法：将氢氧化钾和硅酸钾加入水中，混合至溶解，再加入其余组分，混合至均匀即成。

性质与用途：本产品可以有效地降解和溶解动植物油脂形成的污垢，特别适用于食品加工和餐饮行业的管道清洗。

配方 42　灌装生产线润滑清洗剂

组　　分	配比(质量份)	组　　分	配比(质量份)
油醇聚氧乙烯醚磷酸酯	6.4	乙二胺四乙酸	1
油醇聚氧乙烯醚	0.64	异丙醇	12
尿素	15	抗龟裂剂(二甲苯磺酸盐类)	适量
甲醇胺	2.6	消泡剂(聚醚类、硅油等)	适量
磷酸	0.96	水	加至 100

制备方法：将尿素、甲醇胺和乙二胺四乙酸加入水中，混合至溶解，再加入其余组分，混合至均匀即成。

性质与用途：本产品用水稀释 250 倍（体积）使用，pH 值为 7.8，平衡摩擦系数为 0.154，可广泛适用于乳品、饮料、酒类等玻璃容器灌装生产线的润滑清洗。

配方 43　食品工业分离膜清洗剂

组　　分	配比(质量份)	组　　分	配比(质量份)
烷基磺酸盐	5	磷酸氢二钠	0.09
硼砂	0.5	氢氧化钠(50%)	0.42
葡聚糖酶	12.5	1,2-丙二醇	40
蛋白酶	7.5	水	40
磷酸二氢钠	0.03		

制备方法：将氢氧化钠溶液加入水中，混合至混匀，再加入硼砂和磷酸盐，混合至均匀，最后加入其他组分，混合至均匀即成。

性质与用途：本产品可用于清洗食品工业分离膜（例如从啤酒中分离乙醇用的复合膜等）。

配方 44　大冰库用清洗剂

组　　分	配比(质量份)	组　　分	配比(质量份)
壬基酚聚氧乙烯(9)醚	1.5	异丙醇	7.5
乙醇胺	3	丙二醇	40
聚硅氧烷消泡剂	0.002	水	加至 100

制备方法：将各组分混合均匀即成。

性质与用途：本产品适用于微冷冻表面的清洗，不易冻结表面。

配方 45　食品炊具碱性洗涤剂

组　　分	配比(质量份)	组　　分	配比(质量份)
氨基乙醇	3	1,3-二甲基-2-咪唑啉酮	10
十三烷基聚氧乙烯醚	5	水	加至 100

制备方法：将各组分溶于水即可。

性质与用途：本产品可用于清洗铁器表面附着的烧焦食品残渣。

配方 46　食品炊具加酶清洗剂

组　　分	配比(质量份)	组　　分	配比(质量份)
三聚磷酸钠	15～35	氯化钾或氯化钠	5～20
脂肪醇聚氧乙烯醚	0.5～1.5	水	加至 100
胰酶	10～16		

制备方法：将三聚磷酸钠、氯化钾或氯化钠加入水中，混合至溶解，再加入胰酶和其余组分，混合至均匀即成。

性质与用途：本产品用于加工乳制品的食品炊具的清洗和消毒。

配方 47　食品烤炉用除垢气雾剂

组　　分	配比(质量份)	组　　分	配比(质量份)
氢氧化钠	2.0	十二烷醇	1.0
膨润土	3.4	抛射剂(异丁烷或丁烷)	5.8
乙醇胺	4.8	水	加至 100

制备方法：将氢氧化钠、膨润土、乙醇胺、十二烷醇加入水中，混合至完全溶解后，灌入金属喷射罐中，最后注入抛射剂，即成。

性质与用途：在烤炉、煤气灶、炉灶等表面的污垢，主要是油性污垢和蛋白质、淀粉污垢，本产品适用于清洗此类污垢，去污力强，安全无毒，使用方便，不伤害皮肤，喷涂于食品炉内或其他被清洗表面后，适当浸润一段时间，使焦烟物溶解，再用面纱或非织造布擦去，即可去除油污和炭化垢。

配方 48　食品烤炉用清洗剂

组　　分	配比(质量份)	组　　分	配比(质量份)
壬基酚聚氧乙烯(9)醚硫酸钠	3	氢氧化钠	4
壬基磺基酚聚氧乙烯(9)醚硫酸钠	3	水	85
聚氧乙烯月硅酰胺	5		

制备方法：将各组分溶于水中，混合至均匀即成。

性质与用途：本产品去油污力强，能溶解食品烤炉上由食物与油脂形成的焦烟物，且安全无毒，使用方便。使用时，可将本剂喷射到食品炉内，或涂抹到炉内，一定时间后，使焦烟物溶解，然后用布擦净，亦可用擦洗等清洗方式。

配方 49　食品烤炉用擦洗剂

组　　分	配比(质量份)	组　　分	配比(质量份)
烷基酚聚氧乙烯醚	2.5	氨水	0.7
偏磷酸钠	4	乙二胺四乙酸二钠	2
磷酸酯	9	乙二醇丁醚	4.5
氢氧化钠	6.5	水	70.8

制备方法：将各组分溶于水中，混合至均匀即成。

性质与用途：本产品去油污力强，对食物因高温形成的焦烟物有较好的去除能力，可用于食品烤炉的擦洗，使用方便，安全无毒。

配方 50　糕点烤盘用污垢清洗粉剂

组　　分	配比(质量份)	组　　分	配比(质量份)
无水硅酸钠	50	碳酸氢钠	15
焦磷酸钠	10	铬酸钠	5
碳酸钠	20		

制备方法：将各组分混合至呈自由流动的粉末，即成。

性质与用途：本产品无毒，泡沫较少，可加水配成 10% ～ 20% 的水溶液对烤盘进行加热浸泡清洗，亦可用粉状产品直接进行擦洗。

配方 51　糕点烤盘用无腐蚀清洗剂

组　　分	配比(质量份)	组　　分	配比(质量份)
741 清洗剂	3	硅酸钠	0.5
氢氧化钠	2	焦磷酸钠	0.3
磷酸钠	0.5	水	93.7

制备方法：所述741清洗剂由15％的烷基酚醚聚氧乙烯、10％的聚氧乙烯脂肪醇醚、12％的烷基醇酰胺、43％的油酸三乙胺，加水至100％，混合至均匀制得。

将氢氧化钠、磷酸钠、硅酸钠、焦磷酸钠加入水中，混合至溶解，再加入741清洗剂，混合至均匀即成。

性质与用途：本产品无毒，泡沫较少，对钢、铜、铝材质的烤盘无腐蚀作用，适用于对烤盘进行加热浸泡清洗。本剂对糕点烤盘上经长期高温形成的油性焦状物具有高效的清除能力，清洗率达98％以上。

配方52 油炸锅用碱性清洗剂

组 分	配比（质量份）	组 分	配比（质量份）
直链烷基苯磺酸钠	15	碳酸钠	25
氢氧化钠	60		

制备方法：将各组分混合至均匀即成。

性质与用途：本产品溶于水中，配制成20％～30％溶液使用，用于油炸锅的清洗，需加热到60～65℃，以提高去污力。本剂具有去油污力强、配方简单、成本低、无毒、使用方便、泡沫适中等优点。

配方53 油炸锅用除垢清洗剂

组 分	配比（质量份）	组 分	配比（质量份）
烷基苯磺酸钠	10	倍半碳酸钠（纯结晶品）	9
辛基酚聚氧乙烯醚	1	二甲苯磺酸钠	5
三聚磷酸钠	30	氯化钠	45

制备方法：将各组分混合至均匀，碾压粉碎，包装以防潮解。

性质与用途：本产品可配成20％水溶液使用，用于油炸锅的清洗，可以加热至60～65℃，以提高去污能力。本剂去污力强、配方简单、使用方便、泡沫适中。

6.3 食品容器清洗剂

食品包装有很多种形式，常见的奶制品用各种器皿包装，也有的用塑料袋；饮料大部分用易拉罐。下面简单介绍几种相应的清洗剂配方。

配方54 啤酒、饮料瓶用洗涤剂

组 分	配比（质量份）	组 分	配比（质量份）
聚醚型脂肪酸酯（SPG-10）	5	焦磷酸钠	5
磷酸三钠（12水合物）	20	氢氧化钠	40
九水偏硅酸钠	15	无水硫酸钠	10
三聚磷酸钠	5		

制备方法：将SPG-10与其余各组分混合至均匀，即成。

性质与用途：本产品配制的溶液用于清洗啤酒瓶，洁瓶率可达 99.6 ％。本剂易溶于水，无毒，无异味，具有较强的去除污垢、油脂、糖分、矿物沉淀、霉渍等作用，有较好的清洗效果，特别地，可以去除瓶口的锈斑。本剂不仅可用于清洗啤酒瓶，也可清洗锡箔包装瓶及各种饮料瓶，并且本剂适用于各种类型的自动或半自动洗瓶机。

配方 55 碳酸饮料回收瓶固体洗瓶剂

组　　分	配比(质量份)	组　　分	配比(质量份)
脂肪醇聚氧乙烯醚	6～8	碳酸钠	18～25
十二烷基磺酸钠	2～4	对甲苯磺酸钠	5～8
氯化磷酸三钠	5～20	聚二甲基硅氧烷	0.3～0.5
乙二胺四乙酸	3～6	硫酸钠(元明粉)	20～25
氢氧化钠	15～20		

制备方法：将氢氧化钠单独包装，其余组分混合均匀后包装，即成。

性质与用途：本产品配制成浓度 1％ 的溶液使用，用于汽水瓶、啤酒瓶、可乐瓶等的回收清洗，清洗温度为 50～60℃，清洗时间为 5～10min。

配方 56 瓶类流水线清洗用清洗剂

组　　分	配比(质量份)	组　　分	配比(质量份)
$C_{12}～C_{15}$ 烷基聚氧乙烯(7)醚	0.5	水	2
葡萄糖酸钠	2.5	氢氧化钠(50％)	95.0

制备方法：将 $C_{12}～C_{15}$ 烷基聚氧乙烯（7）醚溶于水中，再小心加入氢氧化钠，最后加入葡萄糖酸钠，混合均匀即成。

性质与用途：本产品用于瓶类的机器自动清洗，使用时可将热的本剂用喷雾的形式喷洒在流水线的瓶子上。

配方 57 瓶类机用清洗剂

组　　分	配比(质量份)	组　　分	配比(质量份)
烷基咪唑啉盐	1	氢氧化钠	20
二甘醇单乙醚	1	水	78

制备方法：将氢氧化钠加入水中，升温至 50 ℃，混合至溶解，再加入烷基咪唑啉盐和二甘醇单乙醚，混合至均匀即成。

性质与用途：本产品特别适于机器清洗各种瓶类。

配方 58 新型啤酒瓶清洗剂

组　　分	配比(质量份)	组　　分	配比(质量份)
氢氧化钠	25	碳酸钠	20
三聚磷酸钠	10	硫酸钠(元明粉)	10
五水偏硅酸钠	30	螯合剂	2
硅酸钠	2	抑垢剂	1

制备方法：将各组分混合至呈自由流动的粉末即成。

性质与用途：本产品全部由助剂复配而成，无泡、去污力强、脱标签去胶黏剂能力突出，清洗存放3个月以上的回收啤酒瓶效果良好，洁瓶率可达99 %以上。

配方59　奶制品器皿清洗剂

组　分	配比(质量份)	组　分	配比(质量份)
异辛醇聚氧乙烯醚磷酸钾	0.25～0.75	氢氧化钠	2～4
硅酸钠	20～30	氟化钠	0.15～0.25
四硼酸钠	6～10	水	16～20
溴化钾	3～5	次氯酸钠(15%)	加至100

制备方法：将除次氯酸钠以外的各组分溶于水中，然后加入次氯酸钠，混合至均匀即成。

性质与用途：本产品用于清洗奶制品的回收瓶，具有高效的去污消毒能力。

配方60　含酪蛋白乳垢清洗剂

组　分	配比(质量份)	组　分	配比(质量份)
辛基酚聚氧乙烯醚	5	水	加至100
磷酸(85%)	22		

制备方法：良好搅拌下，将磷酸缓慢加入水中，再加入辛基酚聚氧乙烯醚，混合至均匀即成。

性质与用途：本产品用水稀释成2.5～7.5g/L的溶液，用于浸泡清洗含酪蛋白乳垢的食物器皿，易于彻底洗净污垢。

配方61　饮料瓶用碱性高温清洗剂

组　分	配比(质量份)	组　分	配比(质量份)
十八烷醇聚氧乙烯醚	0.5～1.5	偏硅酸钠	5～10
氢氧化钠	15～40	二磷酸三单乙醇胺	0.5～1.5
三聚磷酸钠	20～40	碳酸钠	加至100

制备方法：将各组分混合均匀即可。

性质与用途：本产品为碱性清洗剂，用于高温清洗饮料瓶和酒瓶，去污力好，腐蚀性小。

配方62　回收饮料瓶用消毒清洗剂

组　分	配比(质量份)	组　分	配比(质量份)
司盘-20	2	脱臭煤油	15
聚山梨醇酯	2	磨料(如石英粉、氧化镁等)	10
硅酸镁铝	1.58	防腐剂	适量
氨水	2	水	加至100

制备方法：将硅酸镁铝缓缓加于水中，混合至均匀，再依次加入司盘-20、聚山梨醇酯、氨水、脱臭煤油和磨料，混合至均匀后加入防腐剂，即成。

性质与用途：本产品低泡，可用于清洗回收的饮料瓶，不但清洗力强，还具有消毒性能。

第 **7** 章
医疗卫生用清洗剂

医疗卫生用清洗剂用于在医院范围内的医疗设备、卫生器械、特殊用途以及公共领域等的清洗。污垢的来源主要是人体的组织、血液、生物膜、分泌物、排泄物等，因此除了一般性污垢外，还可能包含蛋白质、脂肪和糖类等生物大分子成分。医疗卫生用清洗剂还常具有清除微生物的消毒作用。

目前，市场上的医疗卫生用清洗剂可分为：酶清洗剂、中性清洗剂、碱性清洗剂、酸性清洗剂和润滑剂。酶清洗剂中含有一种或多种生物酶，包括蛋白酶、脂肪酶、淀粉酶、纤维素酶等，其中蛋白酶最为常用。酶能有效地分解有机物，降低物体表面的生物负荷，从而提高清洗效果，并且具有去除内毒素和热原质的作用。酶清洗剂中还应包含稳定剂、防腐剂、表面活性剂等。

中性清洗剂以表面活性剂为主，适合清洗几乎所有的医疗用品，包括塑胶制品、软式内镜以及含软金属的高精微手术器械等，但其清洗能力弱于其他类别的清洗剂。碱性清洗剂也以表面活性剂为主，特别适用于骨科、腹腔手术、产科手术等含有大量脂肪污染物的器械。酸性清洗剂含有磷酸或乙醇酸，对无机固体粒子有较好的溶解去除作用，适用于除去诸如灭菌舱内壁的锈渍和水垢，同时避免严重损害器械表面的保护涂层。

润滑剂由药典规定的水溶性矿物油、消毒剂和表面活性剂组成。器械清洗干净并干燥后，可放入用纯化水稀释的润滑剂中浸泡 30s，再烘干或用消毒过的低纤维絮擦布擦干。检查时发现关节紧涩的器械，可针对关节喷入润滑剂，直到关节灵活为止。

7.1 医疗卫生用多酶清洗剂

配方 1　医疗器械用浓缩型多酶清洗剂

组　　分	配比(质量份)	组　　分	配比(质量份)
蛋白酶	2~10	酶稳定剂	1~5
淀粉酶	1~5	消泡剂	0.05~0.25
脂肪酶	1~5	三乙醇胺	1~10
无泡或低泡型表面活性剂	20~30	抑菌剂	0.5~1.5
洗涤助剂	5~10	纯净水	加至100
增溶剂	1~10		

制备方法：依次将酶稳定剂、增溶剂、低泡或无泡型表面活性剂、蛋白酶、淀粉酶、脂肪酶、消泡剂、洗涤助剂、抑菌剂和三乙醇胺溶于纯净水中，混合至均匀即成。

性质与用途：本产品为浓缩型多酶清洗剂，具有安全高效、使用简便、易生物降解、低泡和有明显的抑菌效果等特点，可广泛应用于内窥镜、外科用具、管道、医用塑料管等各种医疗器械的清洗和抑菌。

配方2　医疗器械用多酶全效清洗剂

组　　分	配比(质量份)	组　　分	配比(质量份)
三乙醇胺油酸皂	4~7	苯甲酸钠溶液(2.5%)	1~2
无水碳酸钠	3~5	碱性蛋白酶	5
苯并三氮唑	0.5~1	碱性果胶酶	1
葡萄糖酸钠	0.5~1	丙三醇	5~10
脂肪醇聚氧乙烯醚(AEO-9)	5~10	纯化水	加至100

制备方法：将无水碳酸钠溶于2~4倍质量的纯化水中，得碳酸钠溶液；将葡萄糖酸钠溶于3~4倍质量的纯化水中，得葡萄糖酸钠溶液，待用。将苯并三氮唑和脂肪醇聚氧乙烯醚溶于丙三醇中，混合混匀后，再依次加入碱性蛋白酶、碱性果胶酶和三乙醇胺油酸皂，加入下一组分前需确认前一组分充分溶解。最后加入碳酸钠溶液、葡萄糖酸钠溶液和余量的纯化水，混合至均匀即成。

性质与用途：本产品利用皂化原理去除金属表面的皂化油脂，同时还利用乳化原理去除金属表面的非皂化油脂等表面油脂，而且还可以通过酶解原理去除金属表面的有机物，从而增强了清洗效果，成本低，制备方法简单。

配方3　医疗器械用多酶阻垢清洗剂

组　　分	配比(质量份)	组　　分	配比(质量份)
脂肪醇聚氧乙烯醚	5	丙二醇丁醚	5
脂肪酸甲酯乙氧基化物磺酸盐(FMES)	5	杀菌剂(卡松、重氮洁马或尼泊金甲酯)	5
多酶预混液	15	防锈剂	1
分散阻垢剂	5	纯化水	加至100

制备方法：分散阻垢剂的制备方法，将烯丙醇聚氧乙烯醚和甲醇钠(质量比1:0.2)加入反应釜中，氮气保护下，缓慢滴加环氧丙醇，升温至95℃继续搅

拌2h得中间体。向反应釜中加入纯水（中间体与纯水质量比3：5），氮气保护下升温至70℃，并缓慢加入过硫酸铵和甲基丙烯酸，滴加完毕后80℃继续反应1.5h即得分散阻垢剂。

将分散阻垢剂加入一部分纯水中，升温至40℃，搅拌使溶解，然后分别加入脂肪醇聚氧乙烯醚、FMES和丙二醇丁醚，搅拌至溶解，降至室温后加入多酶预混液、杀菌剂、防锈剂和余量的纯化水，混合至均匀即成。

性质与用途：本产品不仅保留了多酶清洗剂去除生物膜能力强的优点，而且具有高效的阻垢性能。

配方4　医疗器械用蛋白酶清洗剂

组　　分	配比(质量份)	组　　分	配比(质量份)
丙二醇	14	蛋白酶	2
三乙醇胺	6.25	脂肪醇聚氧乙烯醚	0.5
硼砂	1.65	软水	23.5
氯化钙	0.05	羟乙基纤维素	0.1
无水柠檬酸	2		

制备方法：将羟乙基纤维素加入软水中，升温至50℃，混合至溶解，降至室温，再依次加入硼砂、氯化钙、无水柠檬酸、蛋白酶、脂肪醇聚氧乙烯醚、丙二醇和三乙醇胺，混合至均匀即成。

性质与用途：本产品含有蛋白酶，主要针对黏有蛋白质污物的医疗器械，如抽吸管道以及高质量抽吸系统中逐渐累积的唾液、黏液以及血液等。

配方5　精密医疗器械用多酶清洗剂

组　　分	配比(质量份)	组　　分	配比(质量份)
烷基糖苷	10～15	纤维素酶	5～8
双十烷基二甲基氯化铵	1～4	脂肪酶	2～5
硅酸钠	1～10	蛋白酶	5～12
淀粉酶	4～8	纯化水	加至100

制备方法：将硅酸钠溶于少量纯化水中得硅酸钠溶液待用。将烷基糖苷和双十烷基二甲基氯化铵加入30%纯化水中，搅拌至溶解，加入硅酸钠溶液，混合均匀后，加入淀粉酶、纤维素酶、脂肪酶、蛋白酶和余量的纯化水，混合至均匀即成。

性质与用途：本产品性质稳定，保质期长，分解有机物能力强，清洗污物能力强。特别适用于医疗器械消毒灭菌前的清洗，可用于手工清洗精密或复杂的器械，如微创手术器械、带镜头的器械以及空气动力钻头等，也可用于自动清洗机，如内窥镜自动清洗机等。使用时只需将液体按比例用水稀释，操作简便。

配方 6　医疗器械用多酶无腐蚀清洗剂

组　　分	配比(质量份)	组　　分	配比(质量份)
脂肪甘油三酯脂肪酶	0.5	卡松	0.2
α-淀粉酶	0.2	叶绿素铜钠盐	0.01
柠檬酸钠	5	甜橙粉香精	0.003
脂肪醇聚氧乙烯醚	6	纯化水	加至 100
聚醚 L-61	3		

制备方法：将上述各组分依次加入纯化水中，混合均匀即成。

性质与用途：本产品为略带香橙味的绿色透明中性液体，可分解去除医疗器械表面附着的有机大分子污染物，且自身有效成分消耗很少，无毒，不会对水体生态系统造成危害。

本产品用于清洗轻中度污染的器械时，稀释比例为 1∶500（质量比）；用于清洗较重污染的器械时，稀释比例为 1∶200（质量比）。用本产品清洗时，清洗舱内气泡很少，能见度高，方便操作人员透过清洗机玻璃窗观察医疗器械的清洗状况，有利于把医疗器械漂洗干净。本产品无腐蚀性，也可适用于不锈钢、铝、塑料等材质医疗器械的清洗。

配方 7　医疗器械用无泡多酶清洗剂

组　　分	配比(质量份)	组　　分	配比(质量份)
聚乙二醇(分子量 1000)	5～20	α-淀粉酶	0.5～1
异丙醇(酶稳定剂)	5～15	纤维素酶	0.5～1
硼酸	0.5～3.3	海洋生物蛋白酶	3～7
硼砂	0.1～0.5	溶菌酶	1～3
柠檬酸钠(螯合剂)	0.1～0.5	海藻糖	0.5～5
三乙醇胺	5～10	卡松(防腐剂)	0.1
中性水解蛋白酶	3～7	亮蓝染料	0.1～0.5
脂肪酶	1.5～4	纯化水	加至 100

制备方法：将中性水解蛋白酶和海洋生物蛋白酶溶于异丙醇中，得醇溶液待用，将聚乙二醇、硼酸、硼砂溶于足量的纯化水中，再加入柠檬酸钠和三乙醇胺，搅拌至溶解，加入醇溶液混合均匀，然后依次加入其他酶，前一组分完全溶解后，再加下一组分，再依次加入海藻糖、卡松和亮蓝染料，最后加入余量的纯化水，混合至均匀即成。

性质与用途：本产品不添加表面活性剂，因此可达到无泡效果，且易于漂洗。配方中添加了大量的聚乙二醇与酶稳定剂复配，有效地降低了泡沫，代替了传统的消泡剂，降低了化学物质在器械表面的残留；溶菌酶能够起到消毒杀菌作用，使病毒失活；海藻糖对酶的活性能起到很好保护作用。

配方 8 医疗器械用顽固污渍清洗剂

组　　分	配比(质量份)	组　　分	配比(质量份)
复合酶	5～10	柠檬酸	5～10
无患子提取物	10～15	磷酸	3～5
茶皂素	10～15	辛基聚氧乙烯醚	3～5
生姜提取物	3～5	消泡剂(矿物油类消泡剂)	1～3
维生素 E	5～7	防腐剂(六偏磷酸钠或亚硝酸盐)	1～3
1,5-D-脱水果糖	2～4	纯化水	加至 100
乙二胺四乙酸	15～20		

制备方法：所述复合酶由蛋白酶、淀粉酶、脂肪酶按照质量比 1：(2 ～ 4)：(2 ～ 4)混合而成。

将各组分加入纯化水中，升温至 40℃，混合至均匀即成。

性质与用途：本产品可用于未能及时清洗的医疗器械，对顽固的的血渍有较好的清洗效果，本产品中添加了抗氧化成分维生素 E，在避光情况下放置 6 个月依然保持有较好的清洗能力。

配方 9 医疗器械预消毒处理用清洗剂

组　　分	配比(质量份)	组　　分	配比(质量份)
酶混合物	0.5	硅酸钠	20
十二烷基苯磺酸钠	4	碳酸钠	19
硬脂酸钠	2	硫酸钠	19.5
三聚磷酸	35		

制备方法：所述酶混合物的组成为碱性蛋白酶 30％，中性蛋白酶 45％，胶原酶 4％，亮氨酸氨肽酶 0.011％，羧肽酶 0.16％，溶血纤维蛋白酶 1.5％，脂肪酶 2％，淀粉酶余量。

将各组分混合至呈自由流动的粉末即成。

性质与用途：本产品用于医疗（手术）器械预消毒清洗，可有效清除机械上的血和组织残余物。

7.2 医疗卫生用中性清洗剂

配方 10 医疗器械用消毒清洗剂

组　　分	配比(质量份)	组　　分	配比(质量份)
谷氨酰-N-烷基丙二胺	3	丙氧基化十二醇	7
丁醇聚氧丁烯醚	2	1,2,4-三羧基-2-膦酰基丁烷	1.5
双癸基二甲丙酸铵	1	氮次基三乙酸钠	3
次氨基三醋酸钠	3	异丙醇	30
十四烷基三丁基氯化磷	0.6	水	加至 100

制备方法：将各组加入 75 ℃的水/异丙醇混合溶剂中，混合至均匀即成。

性质与用途：本产品可喷于医疗器械的表面进行清洗，然后在升温下消毒，主要用于医疗器械的自动清洗和消毒。

配方 11　卫生设备用消毒清洗剂

组　分	配比(质量份)	组　分	配比(质量份)
烷基磺酸钠或油酰基甲基牛磺酸钠	37.5～50	尿素	4～6
C_{10}～C_{16} 脂肪酸单乙醇酰胺	15～22	水	加至 100
烷基苄基二甲基氯化铵	2～5		

制备方法：将各组分加入水中，混合至均匀即成。

性质与用途：本产品对卫生设备具有良好的去污和消毒效果。

配方 12　卫生设备用擦洗剂

组　分	配比(质量份)	组　分	配比(质量份)
硝酸脲	16	十二烷基苯磺酸钠	4
玻璃粉	80		

制备方法：将各组分混合均匀即成。

性质与用途：本产品可用于卫生设备的擦洗，去污效果好，腐蚀性小。

配方 13　护肤型医用消毒清洗剂

组　分	配比(质量份)	组　分	配比(质量份)
二甲基月桂基氧化胺(30%)	35	羟乙基纤维素	0.5
二甲基硬脂基氧化胺(50%)	10	乙酰化羊毛脂	0.5
烷基苄基二甲基氯化铵	0.5	水	53.5

制备方法：将羟乙基纤维素加入水中，混合至溶解，再依次加入其余组分，混合至均匀即成。

性质与用途：本产品既能杀菌消毒，又对皮肤无刺激性，尤其适用于医用消毒清洗。本产品对皮肤还有柔和的润滑作用。

配方 14　含磨料医用消毒清洗剂

组　分	配比(质量份)	组　分	配比(质量份)
活性白土	24	二癸基二甲基氯化铵	1
高岭土	30	丁基卡必醇	15
过硼酸钠	40	壬基酚聚氧乙烯醚	0.1
膨润土	6	蒸馏水	83.9

制备方法：将活性白土、高岭土、膨润土和过硼酸钠研磨并混合均匀，得固体料；其余组分混合至均匀得液体料；将固体料和液体料分别包装，即成。

性质与用途：使用时，将固体料与液体料按照 1g∶1mL 的比例混合，用于无孔表面的刷洗。本剂可用于外科手术器械和灵敏器械的消毒和清洗。

配方 15　医用杀菌清洗剂

组　分	配比(质量份)	组　分	配比(质量份)
二癸基二甲基氯化铵	9	水	90
己基磺酸钠	1		

制备方法：将各组分混合至均匀即成。

性质与用途：本产品在 20 ℃时，对大肠杆菌、鼠伤寒杆菌、宋氏杆菌都有很好的杀菌效果，在 40 ℃时，对绿脓杆菌也具有良好的杀菌效果。

配方 16　医用灭菌消毒剂

组　分	配比(质量份)	组　分	配比(质量份)
壬基酚聚氧乙烯醚	10	异丙醇	8
EP 型聚醚	15	丙二醇	5
2-己基癸基三甲基碘化铵	4.85	水	54.15
碘	3		

制备方法：将碘溶于异丙醇和丙二醇中，得醇溶液；将其余组分溶于水中，得水溶液；最后将醇溶液和水溶液混合至均匀即成。

性质与用途：本产品适用于表皮和需消毒灭菌的物体，能有效地杀灭大肠杆菌、枯草杆菌、脊髓灰质炎、疱疹单一病毒等。

配方 17　外科手术刀用清洗剂

组　分	配比(质量份)	组　分	配比(质量份)
月桂醇硫酸钠	2.4	柠檬酸	1.2
羧甲基纤维素钠	0.2	纯化水	加至100
碳酸钠	1.2		

制备方法：将各组分加入水中，混合至均匀即成。

性质与用途：本产品用于外科手术器械的清洗，利用超声清洗 5～10min，可有效去除器械表面的生物污垢。

配方 18　医用血膜玻璃片清洗剂

组　分	配比(质量份)	组　分	配比(质量份)
脂肪醇聚氧乙烯醚硫酸钠	1～10	乙醇	10～30
氢氧化钠或氢氧化钾	1～10	水	加至100
二乙胺四乙酸二钠	0.5～10		

制备方法：将各组分溶于水中混合均匀即成。

性质与用途：本产品对医用血膜玻璃片有较好的清洗效果，清洗时间短，药液消耗量小，能提高玻璃片的周转率。

配方 19　牙科人员洗手清洗剂

组　分	配比(质量份)	组　分	配比(质量份)
辛基酚聚氧乙烯醚	3.05	草本植物香料	0.72
氧化十二烷基二甲基铵	4.3	异丙醇	163
氯化烷基苄基二甲基铵	0.78	水	87.5

制备方法：将各组分溶于水中，混合至均匀即成。

性质与用途：本产品用于牙科手术人员洗手，具有良好的杀菌能力，无药味，且不引起皮肤干燥。

配方 20 牙科器械用清洗剂

组　　分	配比(质量份)	组　　分	配比(质量份)
氨三乙酸钠	5	水	90
对甲苯砜氯酰胺钠	5		

制备方法：将各组分溶于水中，混合至均匀即成。

性质与用途：本产品用于牙科器械消毒、清洗。

7.3 医疗卫生用碱性清洗剂

配方 21 医用碱性清洗剂

组　　分	配比(质量份)	组　　分	配比(质量份)
碳酸钠	5	柠檬酸钠	3
三乙醇胺	15	蒸馏水	86
脂肪醇聚氧乙烯醚(AEO-9)	1		

制备方法：向蒸馏水中依次加入 AEO-9、碳酸钠、三乙醇胺和柠檬酸钠，前一组分完全溶解后再加入下一组分，最后经双层 200 目的过滤网过滤即成。

性质与用途：本产品为弱碱性且添加了缓蚀剂，可以用于不锈钢材质手术器械的手工、机械清洗，且泡沫量低，在机械清洗条件下也不会产生过量泡沫。

配方 22 医用碱性皂类清洗剂

组　　分	配比(质量份)	组　　分	配比(质量份)
碳酸钠	5	十二烷基苯磺酸钠	1
碳酸氢钠	2	乙二胺四乙酸四钠	5
三乙醇胺	12	蒸馏水	75

制备方法：将碳酸钠、碳酸氢钠和乙二胺四乙酸四钠加入蒸馏水中，混合至溶解，再加入其余组分，混合至均匀即成。

性质与用途：本产品为弱碱性且添加了缓蚀剂，能够快速去除器械表面的各种有机污垢，对不锈钢器械无腐蚀，具有泡沫量低、润湿性高、清洗效果好等优势，可延长器械的使用寿命。

配方 23 内窥镜镜头清洗剂

组　　分	配比(质量份)	组　　分	配比(质量份)
二聚甘油单辛酸酯	8	碳酸氢钠	0.5
四聚甘油单月桂酸酯	6	聚硅氧烷树脂乳剂(消泡剂)	0.02
十聚甘油单辛酸酯	15	纯化水	加至100

制备方法：将二聚甘油单辛酸酯、四聚甘油单月桂酸酯和十聚甘油单辛酸酯加入纯化水中，加热 80 ℃搅拌至溶解。确认溶解后，冷却至 40 ℃以下，加入碳酸氢钠，搅拌至溶解。然后冷却至 30 ℃以下，加入预先用纯化水稀释 5 倍的聚

硅氧烷树脂乳剂，搅拌至溶解均匀，最后加入余量的纯化水混合均匀即成。

性质与用途：本产品对于附着于内窥镜的污物（例如血液、体液、胃液、唾液、细胞碎片、脂肪成分等）具有高清洗效率，且稳定性优异。

配方 24　牙科用碱性清洗剂

组　　分	配比（质量份）	组　　分	配比（质量份）
碳酸钠	28.4	整合剂	28.1
碳酸氢钠	24.4	烷基酚聚氧乙烯醚	2.69
氨基磺酸	12.1	甲醇	0.2
柠檬酸	4	色料	0.01

制备方法：将各组分混合至均匀即成。

性质与用途：本产品可快速清洗托架上藻酸盐基牙科压印材料。

配方 25　卫生设备用碱性清洗剂

组　　分	配比（质量份）	组　　分	配比（质量份）
三聚磷酸钠	9～12	黏土粉	12～21
硅酸钠	4～6	硫酸钠	8～29
碳酸钠	8～11	氯化磷酸三钠	加至100

制备方法：将各组分混合至自由流动的粉末即成。

性质与用途：本产品为工业卫生设备的杀菌清洗剂。用本剂 0.25g 擦洗 $100cm^2$ 金属表面，15min 后微生物繁殖率可降低 98.94%～99.92%，如用本剂 0.5g 擦洗可完全杀死微生物。若微生物污染严重，则须擦洗两次。本剂在储存中活性氯损失小，7 个月后为最初量的 74.3%～87.3%。

7.4　医疗卫生用酸性清洗剂

配方 26　医疗器械用酸性清洗剂

组　　分	配比（质量份）	组　　分	配比（质量份）
酸性脂肪酶	3	油酰氨基羧酸钠	7
酸性蛋白酶	6	烷基苯磺酸钠	7
淀粉酶	4	N-甲基油酰基牛磺酸钠	7
类凝血酶	1	聚乙二醇	12
溶菌酶	1	异丙醇	2
芥末素	2	十二烷基硫酸钠	1
柠檬酸	2	纯化水	加至100
盐酸（37%）	6		

制备方法：依次将十二烷基硫酸钠、油酰氨基羧酸钠、烷基苯磺酸钠、N-甲基油酰基牛磺酸钠、聚乙二醇和异丙醇加入纯化水中，加入下一组分前需确认前一组分充分溶解，再加入柠檬酸和芥末素，搅拌至完全溶解，然后依次加入酸性脂肪酶、酸性蛋白酶、淀粉酶、类凝血酶和溶菌酶，前一种酶完全溶解后再加

入后一种酶，最后加入盐酸，混合均匀即成。

性质与用途：使用本产品清洗手术后的器械，既能有效去除器械沾染的血液、人体组织，同时去除水垢，以及其他无机物形成的污迹和斑点，并且可以有效防止清洗后的器械产生细菌。

配方 27　医用器皿黄斑清洗剂

组　　分	配比(质量份)	组　　分	配比(质量份)
磷酸(85%)	10~15	葡萄糖酸钠	1~2
草酸	5~10	防腐剂(卡松或三氯生)	0.02~0.05
三乙醇胺油酸皂	2~3	丙二醇	10~15
脂肪醇聚氧乙烯醚(AEO-9)	2~3	纯化水	加至 100

制备方法：将草酸、葡萄糖酸钠和防腐剂一次加入纯化水中，持续搅拌 1h 后，混合溶液用四层 300 目滤布进行过滤；过滤后的溶液中加入磷酸、三乙醇胺油酸皂、丙二醇和 AEO-9，混合至均匀即成。

性质与用途：本产品用于去黄斑效果好，去斑快速，使用方便，可重复使用。而且本产品在清洗时不会对金属器皿造成腐蚀，能够防止器皿在清洗时以及清洗后的腐蚀生锈现象，使器皿光亮如新，可延长金属器皿的使用寿命。

7.5　血液生化仪器用清洗剂

配方 28　全自动生化分析仪用清洗剂

组　　分	配比(质量份)	组　　分	配比(质量份)
氢氧化钾	10	氯化钾	10
次氯酸钠溶液(15%)	10	纯化水	加至 100

制备方法：将氢氧化钾溶解于足量的纯化水中，冷却后缓慢加入次氯酸钠溶液，再加入氯化钾和余量的纯化水，混合至均匀即成。

性质与用途：用本产品清洗日立公司 7600 全自动生化分析仪，蛋白及脂类物质的残留率均在 10^{-4} 数量级以下，不影响后继测试；反应物无沉积；临床项目批内重复性好，同一样品测试结果变异系数小于 3%；交叉污染检测不出，甘油三酯反应物测试测不出；清洗效果良好，且对仪器没有任何腐蚀作用。

配方 29　全自动生化分析仪用酸性清洗剂

组　　分	配比(质量份)	组　　分	配比(质量份)
酒石酸	4.5	烷基三甲基氯化铵	2
烷基聚氧乙烯醚	4	纯化水	加至 100

制备方法：将酒石酸溶于足量的纯化水中，再依次加入烷基聚氧乙烯醚、烷基三甲基氯化铵和余量的纯化水，混合至均匀即成。

性质与用途：使用本产品清洗全自动生化分析仪，蛋白物质残留率、脂类物质残留率、反应物沉积、临床项目批内重复性、交叉污染特别是甘油三酯反应物交叉污染等检测指标均能很好地满足，清洗效果良好的同时，对仪器流路系统没有任何腐蚀作用，具有较好的相容性。

配方 30　全自动血凝仪用清洗剂

组　　分	配比(质量份)	组　　分	配比(质量份)
吐温-20	0.1	次氯酸钠溶液(1%)	加至 100

制备方法：将吐温-20 加入用纯化水配制的次氯酸钠溶液中，混合均匀即成。

性质与用途：使用本产品清洗血凝仪后，去污效果好（泵冲洗体积在允许范围内），对控制品凝血酶原时间（PT）、部分活化凝血酶原时间（APTT）、凝血酶固定时间（TT）、纤维蛋白原（FIB）的检测全部符合标准。

配方 31　血细胞分析仪用清洗剂

组　　分	配比(质量份)	组　　分	配比(质量份)
水解蛋白酶	0.3～0.9	防腐剂(5-氯-2-甲基-4-异噻唑啉-3-酮)	0.03～0.06
两性表面活性剂(甜菜碱)	1.5～2.5	三(羟甲基)氨基甲烷的缓冲液	0.1～0.5
甲酸钠	0.5～1.5	(pH 9.0)	
氯化钠	0.4～1.2	纯化水	加至 100

制备方法：将两性表面活性剂加入纯化水中加热溶解，然后冷却，紫外线杀菌消毒，加入甲酸钠、氯化钠、防腐剂、水解蛋白酶和三(羟甲基)氨基甲烷的缓冲液，混合至均匀即成。

性质与用途：本产品配制容易，去污能力强，不仅适用于库尔特血细胞分析仪，而且也适用于 ABX、东亚、雅培等品牌的血细胞分析仪。

7.6　医用润滑剂

配方 32　医疗器械用水性润滑剂

组　　分	配比(质量份)	组　　分	配比(质量份)
工业蓖麻油	15	十二烷基硫酸钠	1
司盘-60/吐温-60(8∶2)	7.5	聚醚改性有机硅	0.5
十六烷醇	2	蒸馏水	加至 100

制备方法：将司盘-60/吐温-60（8∶2）的混合物加入蒸馏水中，加热至 50℃得到乳化剂水溶液，然后加入工业蓖麻油、十六烷醇、十二烷基硫酸钠和聚醚改性有机硅，混合后超声乳化，超声功率为 100W，超声时间为 100min，冷却至室温即成。

性质与用途：本产品为为水包油型乳液，可以高倍稀释，稳定性及稀释稳定性优异，对外科医疗器械可提供全面的润滑保护，而且所有成分无毒，对环境友好，易于降解，它的使用可以延长器械的使用寿命。

配方 33　医疗或食品器械用水性润滑剂乳剂

组　分	配比(质量份)	组　分	配比(质量份)
轻质白矿物油(油相)	20	聚乙烯醇(成膜剂)	1
吐温-60/司盘-80(6.5∶3.5)(乳化剂)	10	聚醚类化合物(消泡剂)	0.5
十六烷醇(助乳化剂)	1	尼泊金甲酯(防腐剂)	1
琥珀酸二异辛酯磺酸钠(助乳化剂)	2	水	加至 100
苯并三氮唑(防锈剂)	1		

制备方法：将苯并三氮唑、尼泊金甲酯溶于轻质白矿物油，得油相；将吐温-60/司盘-80（6.5∶3.5）、十六烷醇、琥珀酸二异辛酯磺酸钠、聚乙烯醇、聚醚类化合物溶于水中，得水相。将油相和水相分别在搅拌条件下加热至 75～90℃；将油相缓慢转移至水相，继续在该温度条件下搅拌 30min，得均化混合物，自然冷却至室温，即成。

性质与用途：本产品不含有机硅和石蜡的水包油型乳液，可以高倍稀释，稳定性优异。医疗和食品器械在清洗之后使用本产品进行处理可以提供全面的润滑和防锈保护。

配方 34　医疗器械用防锈润滑剂

组　分	配比(质量份)	组　分	配比(质量份)
聚亚烷基二醇(UCON 50-HB-5100)(基础油)	5	苯甲酸钠(防腐剂)	0.1
		Surfynol MD-20(消泡剂)	1
辛酸/癸酸三甘油酯(基础油)	10	二甲苯磺酸钠(增溶剂)	10
三乙醇胺(腐蚀抑制剂)	1	羟甲基纤维素(增稠剂)	0.1
二乙胺四乙酸二钠(螯合剂)	1	纯化水	加至 100

制备方法：将各组分加入纯化水中，混合至均匀即成。

性质与用途：本防锈润滑剂采用一种水溶性且可用于食品或医疗器械的基础油代替常规的矿物油作为润滑成分，在不含乳化剂的情况下得到了一种透明的水性防锈润滑剂。用本产品进行润滑处理，在灭菌之前的对照结果为阳性，在灭菌之后培养的结果为阴性，证明了本产品的油膜不会阻碍蒸气穿透，不影响灭菌效果。

配方 35　医用器械润滑剂

组　分	配比(质量份)	组　分	配比(质量份)
甘油	30	凡士林	0.3
香茅草精油	3	透明质酸	1.4
黄原胶	12	三乙醇胺	2
薄荷油	1	防腐剂	0.03
卡波姆	0.5	蒸馏水	调节黏度至 0.10～
维生素 E	0.5		0.15Pa·s

制备方法：将卡波姆、维生素 E、凡士林和三乙醇胺加入甘油中，混合至均

匀；在良好搅拌下，缓慢滴入香茅草精油和薄荷油的混合物，升温至30～35 ℃，再加入透明质酸和防腐剂，混合至均匀；最后加入黄原胶，并用蒸馏水调节黏度至0.10～0.15Pa·s，即成。

性质与用途：本产品杀菌效果好，抑菌能力强，具有很好的水溶性和润滑效果，可用于临床诊疗或手术过程中为各类器械提供润滑。

配方36　医用内窥镜润滑剂

组　　分	配比(质量份)	组　　分	配比(质量份)
甘油	20	度米芬	1
氢氧化钠	1	罗望子多糖胶	0.5
甘草酸二钾	0.5	纯化水	加至100

制备方法：将罗望子多糖胶、甘油、甘草酸二钾和度米芬加入约三分之一的纯化水中，混合至溶解，静置12h，再加入溶于少量纯化水的氢氧化钠，搅拌0.5h，最后加入余量水，混合至均匀即成。要求上述操作在洁净级别10万条件下进行。

性质与用途：本产品呈凝胶状，色泽均匀、无味、无臭，pH为中性，无黏膜刺激反应性，无致敏性，对大肠杆菌、金黄色葡萄球菌、白色念珠菌等有良好的抑菌杀灭效果。本产品用于内窥镜体，可使内窥镜清洗更加便捷。

第 **8** 章
纺织工业用清洗剂

纺织工业用清洗剂主要用于对纤维材料加工过程中的清洗，例如在棉布的加工过程中，为了适应印染加工和服装性能的要求，棉坯布需要进行退浆和精练，以去除有碍棉布发挥其优良性能的杂质。纺织工业常用到的纤维材料有棉布、麻布、羊毛、丝绸、羽绒等，下面简要地讨论各材料清洗时的特点。

棉布上的杂质有棉蜡、含氮有机物、果胶、色素及矿物质，还有纺织过程中使用浆料或染料引起的污物。其中棉蜡去除过多会影响棉布的手感，其余均应清洗除去。棉布的清洗分为退浆和精练。退浆是为了去除棉纱制造时使用的浆料（一般为淀粉等胶黏剂）。精练是为了去除棉纤维外面包裹的棉蜡、蛋白质、果胶、灰分以及可能的棉籽壳等杂质，以提高织物的吸水性和便于印染过程中染料的吸收扩散。棉布精练时常使用氢氧化钠这类强碱，因为棉纤维有很好的耐碱能力，且碱能使油脂皂化，使蛋白质和果胶水解成可溶性小分子而易于除去。表面活性剂可选择阴离子或非离子型表面活性剂。还可以加入亚硫酸氢钠以辅助去除棉籽壳中的木质素和提高棉布的白度。

麻纤维也属于天然纤维素，但与棉纤维在性质上有较大差异。麻纤维中纤维素含量低，且杂质中的果胶成分较高，还含有木质素。因此麻纤维的精练比棉纤维困难，往往需要增加碱的用量，才能获得好的效果。

羊毛上的杂质包括羊毛脂、羊汗、尘土等。羊毛的清洗效果评价是以羊毛含脂率和非含脂杂质多少来衡量的。羊毛中非脂杂质越少越好，而羊毛中应保留一定量的羊毛脂，以使羊毛手感柔软、丰满，并有利于梳毛和纺织过程的进行。羊毛清洗分碱性和中性洗毛，碱性洗毛时应注意控制漂洗槽 pH 值在 9 以下，以免对羊毛纤维造成损伤。中性洗毛以表面活性剂为主，成本略高，但洗后羊毛的白度好，手感好，毛纤维损伤小。清洗时，一般 70℃ 可以获得最大的清洗效果。羊毛上的尘土杂质较多，其中可能含有钙、镁元素的化合物，使水质变硬，影响清洗槽内的碱性变化，清洗时应加以考虑。

丝绸由蚕丝制成，蚕丝的主要成分是蛋白质，其耐化学腐蚀的能力较差，需要在温和的条件下进行清洗。由蚕茧得到的生丝含有丝素、丝胶、蜡和脂肪等。丝素是由两根纤维，外面裹着丝胶形成的。把丝胶等杂质大部分去除后，才能展现出纤维的光泽和手感。生丝经过拈丝和织造制成坯绸的过程中，会沾染浆料和染料等杂质。丝胶以及这些杂质需要在精练的过程中去除，以保证坯绸的柔软性、表面光泽和可印染性能。

羽绒主要来源于鹅和鸭，有松软蓬松、富有弹性、御寒保暖的优点。但羽绒原料含有灰砂、皮屑、小血管毛、头颈残毛等杂质，还含有油脂和有屎臭、腥味等气味的污垢，保管过程中可能发生虫蛀霉变等。羽绒表面的油脂和脂蜡是禽类尾脂腺、羽腺的分泌物，其中脂蜡难以皂化，需在 45 ℃以上进行乳化清洗。羽绒蛋白易被细菌分解而发臭，需进行除臭处理，除臭剂包括氧化胺、季铵盐型表面活性剂和有机酸等。

8.1　棉、麻纤维清洗剂

配方 1　织物精练剂

组　　分	配比（质量份）	组　　分	配比（质量份）
烷基醇酰胺聚氧乙烷醚	4～5	茶皂素	2～3
双棕榈酰基乙二胺二丙酸钠	3～4	碳酸钠	4～5
椰油酰胺丙基甜菜碱	1～2	三聚磷酸钠	1～2
纤维素酶	2～3	月桂酸	2～3
碱性果胶酶	1～2	去离子水	加至 100

制备方法：将各组分加入去离子水中，混合至均匀即成。

性质与用途：本产品用于织物的精练，可以达到极佳的效果，并且有利于节约能耗，加快精练速度，缩短工艺流程。

配方 2　耐碱高效纤维精练剂

组　　分	配比（质量份）	组　　分	配比（质量份）
N,N'-双月桂酰基乙二胺二丙酸钠	6～15	渗透剂	3～7
异构十三醇聚氧乙烯醚	5～10	丙三醇聚氧乙烯醚油酸酯	3～10
烷基糖苷（APG0814）	6～12	水	加至 100

制备方法：将 N,N'-双月桂酰基乙二胺二丙酸钠、异构十三醇聚氧乙烯醚、烷基糖苷、渗透剂、丙三醇聚氧乙烯醚油酸酯依次加入水中，搅拌加热至 45 ℃，保温搅拌至均匀即成。

性质与用途：本产品具有优异的乳化、除油、净洗及分散效果，适用于棉、麻及混纺织物的前处理工艺；本产品可在耐强碱（200 g/L）的同时保持良好的精练稳定性和渗透性，易获得良好的精练效果。

配方 3　环保型高效精练剂

组　　分	配比(质量份)	组　　分	配比(质量份)
磺酸	2～10	聚醚(XL180)	10～20
氢氧化钠	1～5	水	加至 100

制备方法：将氢氧化钠溶于水中，混合至溶解，再加入磺酸，充分混合至反应完全，最后加入聚醚，混合至均匀，即成。

性质与用途：本产品在织物前处理工艺中可有效加强净洗，提高毛效，在冷堆工艺和煮练工艺中优于同类产品，并具有环保、低泡、高毛效、价格低等优点。

配方 4　高效低泡环保型精练剂

组　　分	配比(质量份)	组　　分	配比(质量份)
十二烷基三甲基硫酸铵	1～2	C_9 异构醇聚氧乙烯醚	6～8
十二烷基二苯醚二磺酸钠	35～40	聚丙烯酸钠	1～2
C_7 烷基糖苷	8～9	水	65～70
仲烷基磺酸钠	25～30		

制备方法：将各组分加入水中，混合至均匀即成。

性质与用途：本产品耐碱性高，渗透快，发泡性低，稳定性好，使用过程中，不易引起环境污染。

配方 5　低温去油精练剂

组　　分	配比(质量份)	组　　分	配比(质量份)
脂肪醇聚氧乙烯醚	10～20	仲醇聚氧乙烯醚	5～15
脂肪胺聚氧乙烯醚	10～20	增溶剂(乙二醇丁醚、乙醇或异丙醇)	3～6
异构十醇聚氧乙烯醚	5～10	去离子水	加至 100

制备方法：将脂肪醇聚氧乙烯醚与增溶剂（乙二醇丁醚、乙醇或异丙醇）充分混合，搅拌均匀，再依次加入脂肪胺聚氧乙烯醚、异构十醇聚氧乙烯醚和仲醇聚氧乙烯醚；最后加入去离子水，混合至均匀即成。

性质与用途：本产品适用于精练、除油、净洗等前处理工序，可在中性及弱酸性条件下使用，且可实现低温精练。同时，具有分散、乳化、润湿的作用，渗透性好，泡沫低，去污力强。尤其对含氨纶纤维的织物具有针对性，去油效果好。若与纯碱协作，可用于纯棉织物的精练，并兼有退浆、增白、防止染料凝聚、确保染色匀艳等功效。

配方 6　棉纺织物精练剂

组　　分	配比(质量份)	组　　分	配比(质量份)
纤维素酶	0.2～0.3	氢氧化钠溶液(15%)	16～25
酸性果胶酶	0.4～0.6	氯化钙	5～9
碱性果胶酶	0.9～1.2	双氧水(25%)	9～10
三羟甲基丙烷	5～6	皂片	5～6
聚乙二醇	2～3	去离子水	加至 100
双脂肪酰基乙二胺二丙酸钠	3～4		

制备方法：将除酶以外的组分加入去离子水中，混合至溶解，再加入酶，混合至均匀即成。

性质与用途：本产品中将酸性果胶酶和碱性果胶酶联合使用，能够提高纤维素表面的果胶除去效果，并且加入了少量的纤维素酶，可提高织物柔顺性，三羟甲基丙烷一方面作为酸性果胶酶和碱性果胶酶的促进剂，另一方面提高了纤维素酶的耐热性，延长了其存活半衰期。此外，精练剂中加入的双脂肪酰基乙二胺二丙酸钠作为一种新型的表面活性剂，具有优良的耐碱和耐双氧水稳定性特点，乳化性好，发泡力强，提高了精练效果。

配方7　棉用耐碱精练剂

组　　分	配比（质量份）	组　　分	配比（质量份）
高分子聚合物	2.25	脂肪酸甲酯乙氧基化物磺酸盐	0.75
脂肪醇聚氧乙烯醚（AEO-9）	2.00	乙二醇单丁醚	0.75
仲烷基磺酸钠	2.00	异构十三醇聚氧乙烯醚	1.75
蓖麻油酸丁酯硫酸钠	1.50	去离子水	加至100

制备方法：所述高分子聚合物制备方法如下，将20份丙烯酰胺、0.1份过硫酸铵和346份去离子水投入反应器中，搅拌溶解并升温至75℃。在2h内，将25份去离子水溶解的0.2份过硫酸钠、29份丙烯酸、17份丙烯酸丁酯匀速滴入反应器中，滴加完后，在82℃下保温反应1h。最后将反应器温度降至30℃，加入6份氢氧化钠使溶解，再加入12份二硫化碳，反应3h，过滤即得高分子聚合物。

将AEO-9和异构十三醇聚氧乙烯醚加入去离子水中，升温至50℃，搅拌溶解；然后加入仲烷基磺酸钠、蓖麻油酸丁酯硫酸钠、脂肪酸甲酯乙氧基化物磺酸盐、乙二醇单丁醚、高分子聚合物，混合至均匀即成。

性质与用途：本产品具有良好的耐碱、渗透、净洗、乳化、络合、分散、去油等性能，不含APEO，对环境友好。

配方8　纯棉织物精练剂

组　　分	配比（质量份）	组　　分	配比（质量份）
脂肪酰胺聚氧乙烯醚琥珀酸单酯磺酸钠	2～5	碱性果胶酶	1～2
红参提取物	1～3	丝素保护剂	1～3
内切葡聚糖酶	1～2	苯偶姻乙醚	8～10
偏苯三酸正己酯	3～5	渗透剂	5～8
醇醚糖苷	3～5	樟脑提取物	1～3
枸杞提取物	1～3	莱蒙水	1～2
磷酸三钾酚酯	5～8	水	10～12

制备方法：将各组分混合至均匀即成。

性质与用途：本产品为纯棉纺织物精练剂，能够有效去除纯棉纺织物上的织造浆料。

配方 9　麻织物环保型精练剂

组　分	配比(质量份)	组　分	配比(质量份)
仲烷基磺酸钠	20	迷迭香叶油	2
蛋白酶	4	氢氧化钾	2
艾蒿提取物	4	对氨基苯酚	2
聚氯乙烯醋酸酯	10	地黄提取物	6
C_8 烷基糖苷	10	无水偏硅酸钠	8
溴代十五烷基吡啶	2	元明粉	10
半夏提取物	4	水	36

制备方法：将各组分混合至均匀即成。

性质与用途：本产品为麻织物的环保型精练剂，能够有效去除麻织物上的油污，且具有较好的生物降解性。

配方 10　丝棉混纺织物精练剂

组　分	配比(质量份)	组　分	配比(质量份)
氢氧化钠溶液(17%)	18~20	双棕榈酰基乙二胺二丙酸钠	5~6
碳酸钠	6~7	纤维素酶	0.3~0.5
茶皂素	4~5	碱性果胶酶	1.2~1.5
脂肪醇聚氧乙烯醚	7~8	去离子水	加至100
双氧水(20%)	8~10		

制备方法：将氢氧化钠溶液、碳酸钠和茶皂素混合至均匀，再依次加入脂肪醇聚氧乙烯醚、双氧水、双棕榈酰基乙二胺二丙酸钠和去离子水，最后加入纤维素酶和碱性果胶酶混合至均匀即成。

性质与用途：本产品作为添加剂参与丝棉混纺织物的精练，除果胶效果和清洁效果皆良好，织物柔顺性得到提高。

配方 11　棉麻织物清洗剂

组　分	配比(质量份)	组　分	配比(质量份)
十二烷基苯磺酸钠	10	碳酸钠	50.8
硅酸钠	8	羧甲基纤维素钠	1
硫酸钠	20	光学增白剂(Fluolite R)	0.2
过硼酸钠	10		

制备方法：将各组分混合至呈自由流动的粉末，即成。

性质与用途：本产品用于棉麻织物清洗，清洗温度为 80~90 ℃。

配方 12　棉麻织物无助剂清洗液

组　分	配比(质量份)	组　分	配比(质量份)
直链烷基苯磺酸盐	25~35	香料	适量
烷基酚聚氧乙烯醚	10~15	颜料	适量
增溶剂(乙醇)	5~10	水	加至100
光学增白剂(Fluolite R)	0.2		

制备方法：将直链烷基苯磺酸盐、烷基酚聚氧乙烯醚、增溶剂和光学增白剂加入到去离子水中，最后加入香料和颜料，混合至均匀即成。

性质与用途：本产品主要用于棉、麻类天然织物的清洗。

8.2 羊毛用清洗剂

配方 13 羊毛织物处理剂

组　　分	配比(质量份)	组　　分	配比(质量份)
椰油酰胺丙基羟磺基甜菜碱	8～12	羟基改性硅氧烷乳液	1.5～3
十二烷基醇聚氧乙烯醚硫酸钠	28～35	抗起球剂(含聚丙烯酸酯树脂的乳液)	1～2.2
椰子油脂肪酸二乙醇酰胺	3～6	柠檬酸	2～3
十六烷基三甲基溴化铵	8～12	水	加至100

制备方法：将十二烷基醇聚氧乙烯醚硫酸钠、椰子油脂肪酸二乙醇酰胺和十六烷基三甲基溴化铵加入 90～100 ℃ 的水中，搅拌至完全溶解；温度降至 30～40 ℃，再加入椰油酰胺丙基羟磺基甜菜碱、羟基改性硅氧烷乳液和抗起球剂，搅拌混合均匀；最后加入柠檬酸，混合均匀即成。

性质与用途：本产品不仅起到清洗羊毛织物的作用，还能赋予羊毛织物柔软、抗静电、抗起球的特性，是一种多功能的羊毛织物处理剂。

配方 14 羊毛脱脂清洗剂

组　　分	配比(质量份)	组　　分	配比(质量份)
十二烷基苯磺酸钠	20	香豆素	1
羧甲基纤维素	1	苯乙基醋酸	7.5
三聚磷酸钠	40	甲苯醋酸乙酯	10
焦磷酸钠	10	苯酸苄酯	25
硫酸钠	28.7	鼠尾草油补充剂	1
光学增白剂(DSDP)	0.1	依兰依兰油	5
混合香料	0.2	己酸己酯	46

制备方法：将各组分混合至均匀即成。

性质与用途：本产品适用于羊毛的清洗，清洗温度为 40 ℃。

配方 15 羊毛除静电清洗剂

组　　分	配比(质量份)	组　　分	配比(质量份)
十二烷基苯磺酸钠	13.4	十六烷基二乙醇胺氧化物	1.5
油酸钾	2.4	光学增白剂(Ultraphor BAX)	0.1
十二烷基二乙醇胺	0.6	水	加至100
焦磷酸钾	1.0		

制备方法：将各组分加入水中，混合至均匀即成。

性质与用途：本产品适用于羊毛的清洗。

配方 16　羊毛增白清洗剂

组　分	配比(质量份)	组　分	配比(质量份)
三乙醇胺十二烷基苯磺酸钠	10	磷酸钾	2
单乙醇胺十二烷基醚硫酸盐	10	光学增白剂(Tinopol RBS)	0.05
十二烷基二乙醇胺	0.5	光学增白剂(Tinopol WGA)	0.1
咪唑啉衍生物(Mironal CZM)	2	水	加至100

制备方法：将各组分加入水中，混合至均匀即成。

性质与用途：本产品适用于羊毛的清洗，清洗温度为 40 ℃。

配方 17　羊毛织物温和型清洗剂

组　分	配比(质量份)	组　分	配比(质量份)
脂肪醇硫酸钠	15	柠檬酸	0.5
椰子油酸	9	氢氧化钠	2
马来酸	7	1,2-丙二醇	5
$C_{12} \sim C_{14}$ 烷基葡萄糖苷	4	乙醇	7
三乙醇胺	5	水	45.5

制备方法：将氢氧化钠和三乙醇胺溶于水中，再加入马来酸和椰子油酸，混合至均匀，最后再依次加入其余组分，混合至均匀即成。

性质与用途：本产品用于羊毛织物清洗，不损伤织物，洗涤温度为 30 ℃。

配方 18　羊毛织物环保清洗剂

组　分	配比(质量份)	组　分	配比(质量份)
$C_{10} \sim C_{18}$ 烷基磺化丁二酸二钠	4.5～9	三乙酸胺三钠盐或乙二胺四乙酸钠盐	1.7～7
$C_{10} \sim C_{12}$ 烷基硫酸钠	0.5～1	柠檬酸	0.2～3
油酰氯与胶原水解液的反应产物	0.4～2.5	$C_{14} \sim C_{18}$ 烯烃磺酸钠	3.6～11
壬基酚聚氧乙烯醚	5～20	水	加至100

制备方法：将各组分加入水中，混合至均匀即成。

性质与用途：本产品稳定性、生物降解性较好，清洗去污性较高。

配方 19　羊毛织物冷水清洗剂

组　分	配比(质量份)	组　分	配比(质量份)
椰子油脂肪酸磺基甜菜碱	8～12	光学增白剂	0.075～0.15
十二烷基聚氧乙烯(3)醚硫酸盐	25～35	水	加至100
椰子油脂肪酸二乙醇酰胺	2～6		

制备方法：将各组分加入水中，混合至均匀即成。

性质与用途：本产品用于羊毛织物的清洗，在冷水中也具有良好的去污效果。

配方 20　高级羊毛织物清洗剂

组　分	配比(质量份)	组　分	配比(质量份)
十二烷基苯磺酸钠	10	硫酸钠	42
椰子油脂肪酸酰胺丙基二甲基甜菜碱	2	钠皂	3
磷酸钠	37	椰子油脂肪酸酯乙氧基(5)甲基硫酸钠	3.7
硅酸钠	1	香精	0.3

制备方法：将各组分混合至均匀即成。

性质与用途：本产品可用于高级羊毛织物的清洗，也适用于其他混纺羊毛织物的清洗。

8.3 丝绸用清洗剂

配方 21 丝绸精练剂

组　　分	配比(质量份)	组　　分	配比(质量份)
异构 $C_8\sim C_{13}$ 醇聚氧乙烯醚	20~40	丝素保护剂(甘油葡萄糖、蔗糖或聚丙烯酸)	2~4
磷酸钠	4~8		
五水偏硅酸钠	6~12	水	加至100
有机磷酸类稳定剂(2-磷酸基-1,2,4-三羧酸丁烷,氨基三甲叉膦酸四钠,二乙烯三胺五甲叉膦酸五钠等)	8~16		

制备方法：将异构 $C_8\sim C_{13}$ 醇聚氧乙烯醚溶于水中，搅拌至溶解，然后依次加入磷酸钠、五水偏硅酸钠、有机磷酸类稳定剂和丝素保护剂，混合至均匀即成。

性质与用途：本产品对丝绸的精练效果好，溶液的 pH 值较稳定，且加入稳定剂后可以使水溶液的钙镁离子大大降低，且可以保护丝绸不受损伤，产生了较好的应用效果。

配方 22 丝绸无磷精练剂

组　　分	配比(质量份)	组　　分	配比(质量份)
N-烷基乙二胺三乙酸钠	8~25	元明粉或食盐	2~10
烷基聚氧乙烯醚羧酸盐	5~15	碳酸钠	2~10
脂肪醇聚氧乙烯醚	5~10	水	加至100
丝素保护剂(甘油葡萄糖、蔗糖、烷基蔗糖酯等)	2~10		

制备方法：将各组分加入水中，混合至均匀即成。

性质与用途：本产品通过复配技术克服了螯合性表面活性剂在润湿性、洗涤力方面的不足，在提供优良表面活性的同时，具有优异的螯合钙、镁等金属离子，软化水质的功能，可以提高精练后织物的品质，多种表面活性剂复配使用，产生协同作用，有助于提高精练效果。本产品不含磷，所用的助剂均为环保型、可生物降解的化合物，对人体无害，有利于环境的保护。

配方 23　丝绸清洗剂

组　分	配比(质量份)	组　分	配比(质量份)
二羟乙基磷酸乙基咪唑啉	5	荧光增白剂(Tinopal SWN)	0.05
Monaterge 779	20	水	加至 100

制备方法：将二羟乙基磷酸乙基咪唑啉分散在水中，再加入由椰子油脂肪酸二乙醇酰胺和月桂醇硫酸酯组成的 Monaterge 779，最后加入荧光增白剂，调节 pH 值至 8.0，即成。

性质与用途：本产品安全、温和、增白，适用于丝绸织物和其他精细织物的清洗。

配方 24　精细丝毛织物清洗剂

组　分	配比(质量份)	组　分	配比(质量份)
烷基芳基磺酸钠	25.5	工业乙醇	5
月桂醇醚硫酸钠	7	尿素	3
月桂基二乙醇酰胺	2	甲醛溶液(40%)	0.2
乙二胺四乙酸二钠	0.1	水	加至 100

制备方法：将各组分加入水中，混合至均匀即成。

性质与用途：本产品主要用于手洗丝绸和羊毛等精细丝毛织物等。

配方 25　茶皂素精细丝毛清洗剂

组　分	配比(质量份)	组　分	配比(质量份)
茶皂素油茶籽皂素(SPN)	2~3	羧甲基纤维素钠	1
烷醇酰胺(6501)	6~8	香精	适量
脂肪醇聚氧乙烯醚硫酸钠	7~9	去离子水	加至 100
烷基磺酸钠	5~6		

制备方法：将各组分加入水中，混合至均匀即成。

性质与用途：本产品利用茶皂素的表面活性作用，具有泡沫持久，去污、分散性能良好，不褪色，不损伤织物纤维等特性，是丝毛织物理想的清洗剂。

8.4　羽绒用清洗剂

配方 26　未加工羽毛清洗剂

组　分	配比(质量份)	组　分	配比(质量份)
二甲基月桂基胺氧化物	40	C_{10}~C_{16} 直链烷基硫酸盐	60

制备方法：将各组分混合至呈自由流动的粉末即成。

性质与用途：本产品配制成 1.5%~4% 的溶液使用。用本产品不损害羽毛的气味，且处理过的羽毛，残脂率低，脱脂适度，不必进行柔软处理，长时期内不会产生异臭。

配方 27　环保型羽绒清洗剂

组　　分	配比(质量份)	组　　分	配比(质量份)
脂肪醇聚氧乙烯醚(AEO-9)	20～30	十二烷基二甲基苄基氯化铵	2～4
月桂醇聚氧乙烯醚(MOA-7)	10～15	(1227)	
十二烷基聚氧乙烯醚硫酸酯 (AES-9)	10～15	异丙醇或乙醇	5～10
		去离子水	加至 100
十二烷基苯磺酸钠(EOS-9)	10～20		
异构十三醇聚氧乙烯醚磷酸酯钾 (E1310PK)	15～20		

制备方法：将各组分加入水中，混合至均匀即成。

性质与用途：将 100kg 鸭毛羽绒或毛片或毛丝计，加入 1000kg 水，0.3%～0.4%本清洗剂和除臭剂，在 45℃下搅拌清洗 30min，漂洗 16 次，甩水，120℃烘干，冷却即可。

配方 28　高效抗菌防臭羽绒清洗剂

组　　分	配比(质量份)	组　　分	配比(质量份)
烷基 C_{12}～C_{14} 聚氧乙烯醚硫酸钠 (AES,70 型)	20～40	椰油酰胺丙基甜菜碱	5～8
		乙烯基三甲氧基硅烷	5～7
十二烷基苯磺酸钠	10～20	防腐剂	0.1～0.3
聚乙烯失水山梨醇脂肪酸酯	7～12	消泡剂(聚氧丙烯氧化乙烯甘油醚)	0.1～0.3
桉叶油	1～3		
桂皮油	1～5	Eclean 清洁因子	0.5～1.5
薄荷油	1～5	丙三醇	0.5～1.5
茶皂素	13～18	香精	1～3
壳聚糖纤维	10～12	去离子水	加至 100

制备方法：将各组分加入水中，混合至均匀即成。

性质与用途：本产品具有杀菌、去味、调理的功能，去污力强，稳定性好，冷热水皆可，中性不伤手，生态环保，采用的表面活性剂生物降解性能好，其抗菌效果明显。在使用过程中不会滋生细菌产生臭味，能长效保护羽绒的天然脂膜和蛋白质，保质期长。

配方 29　丝毛和/或羽绒衣物清洗剂

组　　分	配比(质量份)	组　　分	配比(质量份)
烷基聚氧乙烯醚硫酸钠	1～5	月桂酰氨基丙基甜菜碱	3～6
脂肪醇聚氧乙烯醚	1～5	烷基糖苷	3～6
1-甲基-1-油酰氨基-2-油酸基咪唑啉硫酸甲酯铵	1～4	氯化钠	1～3
		香精	0.1～1
柠檬酸三钠	0.5～2	防腐剂	0.1～1
柠檬酸	0.1～2	水	加至 100
乙二胺四乙酸二钠	0.1～0.5		

制备方法：将各组分加入水中，混合至均匀即成。

性质与用途：本产品可用于蚕丝、羊毛或丝毛结合，或羽绒衣物的清洗，其性能温和，可减少对蛋白纤维的破坏，同时具有优良的洁净、抑菌、护理作用。

8.5 织物柔软剂

配方30 含双长链季铵盐型织物柔软剂

组　分	配比(质量份)	组　分	配比(质量份)
双氢化牛油基二甲基氯化铵(阳离子性柔软剂)	10	聚乙二醇型非离子表面活性剂(乳化剂)	2.5
		香精、增白剂、黏度调节剂等	0.1～0.3
氧化聚乙烯蜡(平滑剂)	2.5	水	加至100

制备方法：将双氢化牛油基二甲基氯化铵加热搅拌至熔融，再将氧化聚乙烯蜡加入搅拌1～1.5h，再加入聚乙二醇型非离子表面活性剂，继续升温搅拌使物料保持熔化状态并充分混匀，在搅拌下加入热水及其他添加料，即成，成品为乳白色乳液。

性质与用途：本产品用量为衣物干重的0.05％～0.15％，经柔软剂处理后，织物手感柔软、抗静电能力强、对灰尘的吸附减少。此外，在柔软剂配方中，适量添加一定的杀菌剂，还可达到杀菌消毒的要求。

配方31 含长链胺型织物柔软剂

组　分	配比(质量份)	组　分	配比(质量份)
硬脂基咪唑啉羧酸钠(25％)	65～75	壬基酚聚氧乙烯(10)醚	1
失水山梨醇聚氧乙烯(20)醚单硬脂酸酯	1	石蜡	8～12
失水山梨醇单油酸酯	1	水	加至100

制备方法：将各组分依次加入水中，混合至均匀即成。

性质与用途：本产品兼有抗静电、柔软和防尘的作用。

配方32 含氧化胺型织物柔顺剂

组　分	配比(质量份)	组　分	配比(质量份)
三(2-羟乙基)牛脂氧化胺	40	水	30
异丙醇	30		

制备方法：将各组分混合至均匀即成。

性质与用途：本产品用于漂洗聚酰胺、聚丙烯酸和聚酯织物，其抗静电柔软效果好，且不会引起过敏反应。每千克织物用16g本产品处理。

配方33 有机改性聚氨酯织物柔顺剂

组　分	配比(质量份)	组　分	配比(质量份)
有机改性聚氨酯共聚物	90	异构 C_{12}～C_{13} 脂肪醇聚氧乙烯(8)醚	6
异构 C_{12}～C_{13} 脂肪醇聚氧乙烯(6)醚	8	去离子水	450

制备方法：所述有机改性聚氨酯共聚物制备方法如下，将 37.5g 聚氧化丙烯二元醇（分子量 1800）、22.5g 羟丙基聚硅氧烷（分子量 2600）、39.82g 六亚甲基二异氰酸酯（HDI）和 0.18g 二月桂酸二丁基锡催化剂加入反应釜中，80℃搅拌反应 2h，得异氰酸酯封端的有机硅改性聚氨酯预聚体；再加入 1.5g 三乙胺扩链剂，55℃搅拌反应 2h，得有机硅改性聚氨酯共聚体。

将有机改性聚氨酯共聚物与表面活性剂在 70℃混合均匀，再在 30min 内滴加去离子水，混合至均匀乳化，即成。

性质与用途：本产品不但保留了氨基改性硅油的柔软性、回弹性和亲水性，赋予织物独特的柔糯但不油腻的手感，而且组织亲水性好，不易变黄，可保持浅色织物的鲜艳度和白色织物的白度，并在储存、运输和使用过程中具有优异的稳定性。

配方 34　防皱抗静电织物柔软剂

组　　分	配比（质量份）	组　　分	配比（质量份）
异丙醇胺	2	十二烷基苯磺酸	3
太古油	5	端羟基聚丁二烯	6
烷基酚聚氧乙烯醚	3	三羟乙基三聚氰胺	5
硅酸钠	10	水	70
氨基聚硅氧烷	6		

制备方法：将各组分加入水中，混合至均匀即成。

性质与用途：本产品能够保证织物的平滑柔顺，调节织物的抗静电性能，避免织物发生放电等现象，减少织物的老化性能，保证织物的美观。

配方 35　抗起球织物柔软剂

组　　分	配比（质量份）	组　　分	配比（质量份）
有机硅	5	乙酸钠	1
聚乙烯醇	3	三聚磷酸钠	12
八甲基四硅氧烷	3	油酸钠	51
氨基硅油	10	水	50
聚对苯二甲酸乙二酯纤维	2		

制备方法：将各组分加入水中，混合至均匀即成。

性质与用途：处理后的织物更加滑爽飘逸，更加富有弹性，耐磨性更好，不容易起球，还能促进皮肤舒服放松。

第 9 章

交通工具用清洗剂

交通工具用清洗剂根据其清洗部位不同可分为交通工具表面清洗剂和内部清洗剂两类，这两类清洗剂所针对的污垢、清洗的材料以及安全要求都有很大的区别。

交通工具大多为金属或合金结构的外层材料，并在表面作防腐涂层处理。由于其运行特点，其表面的污垢主要有：空气尘埃、车顶的炭垢、油污、刹车形成的微细铁粉混合物，以及以上垢质在雨水的作用下形成的混合污垢流纹等，这类污垢可统称为"路膜"。

针对各类交通工具的表面的灰尘、锈垢、油垢等，传统方法一般选择含表面活性剂的强酸性或强碱性清洗剂。其中表面活性剂提供一系列润湿或抗黏、乳化或破乳、起泡或消泡，以及包裹、增溶、分散、洗涤、防腐、抗静电等物理和化学作用，以结合和去除表面的灰尘和油垢等污垢。酸性物质主要通过与氢氧化物、氧化物的反应，将锈垢转化成可溶性盐进行清洗。常用的为盐酸、硝酸、硫酸、磷酸（对金属的强配位能力）、氨基磺酸（不挥发、对人体毒性极小）、草酸、柠檬酸（能迅速沉淀金属离子，防止污染物重新附着）、乙二胺四乙酸（金属离子强络合剂）。碱性物质主要为氢氧化钠和氨水，利用皂化反应，辅助去除油脂垢。还可借助有机溶剂来实现除油，如乙醇、乙二醇单丁醚等。

但长期使用传统的酸性或碱性清洗剂，都会对外表面的漆膜、玻璃、橡胶、合金等材质造成不同程度的损害。交通工具清洗行业目前的发展趋势是使用复配型的中性清洗剂替代传统酸碱性、腐蚀性的清洗剂。

交通工具内部的污垢大多与人的活动有关，常见的有油渍垢（如口鼻呼出物、手脂、发脂、少量矿物质油脂，并有灰尘黏附）和胶渍垢（如冰激凌、果汁、口香糖，或粘贴的不干胶残留物等）。一般选用传统的无机碱类清洗剂，或普通的家用产品。但容易造成环境污染，且无机碱或磷的残留给交通工具厢体内部带来二次污染，不符合公共场所的卫生要求，如若长期使用，对厢体内塑胶、合金材料等均有损害。考虑到这类污垢清洗的效率和效果，以及对车厢内各种材质的保护，由多种表面活性剂复配、中性、漂洗性好、具有一定消毒功能的水基产品将是发展趋势。

此外，针对城轨车辆（如地铁）的运行特点，高速摩擦易产生炭火花、炭粉、铜粉，以及这些物质在与空气的长期接触过程中发生复杂氧化反应，而产生固化氧化物，加之无机盐类大气尘埃和油性污垢，最终形成顽固性混合污垢，统称为"道路氧化物"，需要开发针对交通工具顶部污垢的清洗剂。有效的路膜类清洗剂，在确保去除炭垢的同时，还可以对整个车顶的漆膜构建一个抑制腐蚀的化学保护层。

9.1　船舶用清洗剂

配方 1　船舶表面除锈清洗剂

组　　分	配比（质量份）	组　　分	配比（质量份）
草酸	10	水	80
异丙醇	10		

制备方法：将草酸缓慢加入水中，再加入异丙醇，混合至均匀即成。

性质与用途：本产品既能将船体外包覆的海藻、贝类等海洋残留物以及各种污垢从金属外壳上快速有效地清除，还有除锈作用，船舶外壳涂漆前用本剂处理将非常方便有利。

配方 2　船舶表面去污清洗剂

组　　分	配比（质量份）	组　　分	配比（质量份）
氢氧化钠	0.5	辛基酚聚氧乙烯(6)醚磷酸酯钾盐	2
聚乙二醇（分子量 10000）	1	水	加至 100

制备方法：将各组分依次加入水中，混合至均匀即成。

性质与用途：本产品在常温下以 39.2Pa 压力进行喷雾清洗，去污性能良好。

配方 3　船底用除藻清洗剂

组　　分	配比（质量份）	组　　分	配比（质量份）
1,3,5-三(2-羟乙基)-1,3,5-三氮环己烷	30	壬基酚聚氧乙烯醚	10
		水	60

制备方法：将各组分依次加入水中，加入下一组分前需确认前一组分充分溶解，混合至均匀即成。

性质与用途：本产品能清除船底黏附的藻类和贝壳等。

配方4　船底用除钙垢清洗剂

组　分	配比(质量份)	组　分	配比(质量份)
松油	15～35	油溶性次氯酸金属盐	0.5～5
苄基三烷基季铵盐	1.5～6	惰性成分	余量
醇	0～2		

制备方法：将苄基三烷基季铵盐、醇、油溶性次氯酸金属盐加入松油中，混合至完全溶解后，灌入金属喷射罐中，最后注入惰性成分，即成。

性质与用途：本产品亦称为船底钙盐结垢去除剂，将本产品喷至船体表面，可使船底钙盐结垢变软，再用水喷洗即可去除。

配方5　船底用清洗剂

组　分	配比(质量份)	组　分	配比(质量份)
壬基酚聚氧乙烯醚	1	二甲苯	1
丁基溶纤剂	3	色料	适量
氢氧化钠	0.5	软水	加至100
磺酸	2		

制备方法：将氢氧化钠溶于30份的软水中，再依次加入剩余组分和余量水，混合至均匀透明，最后加入色料即成。

性质与用途：本产品用于船底的清洗。

配方6　船底及水中设备污垢清洗剂

组　分	配比(质量份)	组　分	配比(质量份)
双二甲基二硫代氨基甲酰-亚乙基双硫代氨基甲酸锌	12	滑石粉	11
		氯化橡胶	3
四氯异对苯二甲腈	10	氧化铁红	12
甲基异丁基酮	9	松香	15
磷酸三甲苯酚酯	2	二甲苯	16
硫酸钡	10		

制备方法：将双二甲基二硫代氨基甲酰-亚乙基双硫代氨基甲酸锌、四氯异对苯二甲腈、甲基异丁基酮、磷酸三甲苯酚酯、松香和二甲苯充分混合至溶解，再加入硫酸钡、滑石粉、氯化橡胶、氧化铁红，充分混合至均匀，即成。

性质与用途：本产品适用于船底、渔网等各种水下作业材料的清洗。能有效清洗外表黏附的海藻、软体动物等生物污垢。此外，使用本剂清洗还可防止再污染。

配方7　重油运输船用清洗剂

组　分	配比(质量份)	组　分	配比(质量份)
氢氧化钾	20	辛基苯磺酸钠	10
C_4脂肪醇聚氧乙烯(2)醚	10	水	50
十二烷基苯磺酸钠	10		

制备方法：将各组分依次加入水中，加入下一组分前需确认前一组分充分溶

解，混合至均匀即成。

性质与用途：本产品有良好的去油污能力。

配方 8　船舱用清洗剂

组　　分	配比（质量份）	组　　分	配比（质量份）
尼纳尔	10	聚乙二醇（600）酯	3
壬基酚聚氧乙烯（9）醚	10	异丙醇	3
月桂醇聚氧乙烯（6）醚	3	水	加至100

制备方法：将各组分加入水中，混合至均匀即成。

性质与用途：本产品中尼纳尔是椰子油脂肪酸二乙醇酰胺、烷醇酰胺6501的别名。本产品用于船舱的清洗，清洗效果好，且易于清洗。

9.2　飞机用清洗剂

配方 9　飞机机身用防火清洗剂

组　　分	配比（质量份）	组　　分	配比（质量份）
磷酸钠	10	乙二醇单乙醚	6
辛基酚聚氧乙烯（9）醚	2	水	加至100

制备方法：将磷酸钠完全溶解于水中，再依次加入辛基酚聚氧乙烯（9）醚和乙二醇单乙醚，混合至均匀即成。

性质与用途：本产品清洗力强、防火，适用于飞机机身的外部清洗。

配方 10　飞机机身用碱性清洗剂

组　　分	配比（质量份）	组　　分	配比（质量份）
烷基磷酸酯	1	碳酸钠	21
十二烷基苯磺酸钠	3	五水偏硅酸钠	45
三聚磷酸钠	30		

制备方法：将各组分充分混合至均匀即成。

性质与用途：本产品适用于飞机外壳的清洗，使用浓度为 $1.85\sim22.5g/L$。

配方 11　飞机机身用无溶剂清洗剂

组　　分	配比（质量份）	组　　分	配比（质量份）
烷基醇聚氧乙烯醚（AEO-3）	4	焦磷酸钾	6.5
烷基醇聚氧乙烯醚（AEO-7）	5	硅酸钠	7
烷基醇聚氧乙烯醚（AEO-14）	2	水	加至100
十二烷基氧化胺	1.5		

制备方法：将各组分依次加入水中，加入下一组分前需确认前一组分充分溶解，混合至均匀即成。

性质与用途：本产品用于清洗飞机外壳，可有效除去飞机表面的各种污垢，且本产品不含溶剂，能减少对飞机外表面的腐蚀，并减少环境污染。

配方 12　飞机防腐油清洗剂

组　　分	配比(质量份)	组　　分	配比(质量份)
二氯甲烷	15～20	一氟一氯乙烷	0～5
四氯乙烯	60～70	溶剂油	0.5～10

制备方法：设定乙酸正丁酯的挥发速度为1，本产品所用溶剂油的相对挥发速度为0.4～0.55。将二氯甲烷、四氯乙烯、一氟一氯乙烷和溶剂油混合均匀后，用400目滤布过滤，即成。

性质与用途：本产品溶剂油的含量较少而且挥发速度适当，使本产品在使用过程中具有较好的阻燃性；在清洗过程中能快速渗透到防腐剂内部，提高清洗效率；在清洗完防腐剂时，能够在被清洗的表面上形成一层很薄的均匀油膜，从而隔绝空气中的湿气和其他腐蚀性介质对被清洗表面的腐蚀。且本产品不影响清洗后涂覆新的防腐剂，也不影响下一道施工程序。

9.3　列车用清洗剂

配方 13　列车车厢用无腐蚀清洁剂

组　　分	配比(质量份)	组　　分	配比(质量份)
十二烷基苯磺酸钠	1	辛醇	0.2
草酸	10	三乙胺	0.2
乙二醇	0.5	水	加至100

制备方法：将草酸溶于水中，再加入其他组分，混合至均匀即成。

性质与用途：本产品去油污性能强，且对火车外壳的醇酸型涂料无腐蚀作用。

配方 14　列车车厢用酸性清洗剂

组　　分	配比(质量份)	组　　分	配比(质量份)
磷酸(85%)	10	水	加至100
乙酸乙酯	10		

制备方法：将磷酸缓慢加入水中，再加入乙酸乙酯，混合至均匀即成。

性质与用途：本产品可用于清洗和去除车厢玻璃表面和金属表面的油污和无机沉积物。

配方 15　列车车厢用玻璃清洗剂

组　　分	配比(质量份)	组　　分	配比(质量份)
磷酸甲酯	20	烷基磺酸钠	5
羟甲基磷酸	5	水	加至100
脂肪醇聚氧乙烯(10)醚	5		

制备方法：将各组分依次加入水中，加入下一组分前需确认前一组分充分溶

解，混合至均匀即成。

性质与用途：本产品可用于清洗火车、公共汽车等车厢，洗后玻璃上无残留物。

配方 16　铁路客车清洗剂

组　分	配比（质量份）	组　分	配比（质量份）
液体石蜡	45	聚氧乙烯二乙醇胺	5
硅藻土（200 目）	8	氢氧化钠	3.5
油酸	7	水	加至 100
硬蜡	3.5		

制备方法：将聚氧乙烯二乙醇胺溶于水中得溶液 A；将液体石蜡和硬蜡加入油酸中，混合均匀得混合液 B；将溶液 A 与混合液 B 混合，搅拌均匀后加入硅藻土混匀，最后加入氢氧化钠调节碱度，即成。

性质与用途：本产品用水稀释 1 倍后，用布沾取稀释液可对车厢内壁、座位、门窗、厕所进行擦洗，对各种污垢具有较强的去污能力，节约用水，并兼有保护增亮和防二次污染的作用。

配方 17　车厢油污清洗剂

组　分	配比（质量份）	组　分	配比（质量份）
烷基酚聚氧乙烯醚	5～10	三乙醇胺油酸皂	1～3
脂肪醇聚氧乙烯醚	7～8	亚硝酸钠	5～10
十二烷基二乙醇酰胺	10	水	加至 100

制备方法：将各组分加入水中，混合至均匀即成。

性质与用途：本产品为以表面活性剂为主体复配的清洗剂，极性较小，不腐蚀设备，无毒无污染，且具有防锈保护作用。也可加入缓蚀剂磺化蓖麻油、三乙醇胺油酸皂、磷酸酯等。

配方 18　火车牵引机车清洗剂

组　分	配比（质量份）	组　分	配比（质量份）
脂肪醇硫酸钠	40	煤油	30
辛基酚聚氧乙烯醚	20	甲酚	5
油酸二乙醇酰胺	5		

制备方法：将各组分混合至均匀即成。

性质与用途：本产品用于火车牵引车头发动机的清洗，主要用于除去此类机械设备的润滑油（脂）、灰尘、煤粉以及金属粉末等污垢。

配方 19　油槽车清洗剂

组　分	配比（质量份）	组　分	配比（质量份）
十二烷基苯磺酸钠	20	碳酸钠	1.5
烷基酚聚氧乙烯醚（APE）	0.7	柠檬酸	1
三乙醇胺	7.8	羟乙基纤维素（HEC）	2
硅酸钠	1.5	水	加至 100

制备方法：将十二烷基苯磺酸钠、烷基酚聚氧乙烯醚、羟乙基纤维素依次加入水中，加入下一组分前需确认前一组分充分溶解，再加入其余组分，混合至均匀即成。

性质与用途：本产品适用于储运各种油品的火车槽车清洗。此外，还可用于各种机械设备和车辆的清洗。本剂去污性强，去锈性好，使用安全，对环境无污染。

配方20 内燃机专用除油污清洗剂

组　　分	配比(质量份)	组　　分	配比(质量份)
十二烷基苯磺酸钠	3～14	铬酸环己铵盐	0.1～0.4
妥尔油	0.3～2	单乙醇胺	0.2～1
氢氧化钠	0.1～0.6	丁醇	5～20
三聚磷酸钠	0.1～0.6	水	加至100
乙二胺四乙酸二钠	0.2～0.8		

制备方法：将各组分混合均匀即成。

性质与用途：本产品为内燃机专用清洗剂。

配方21 内燃机专用无腐蚀清洗剂

组　　分	配比(质量份)	组　　分	配比(质量份)
壬基酚聚氧乙烯醚	20	四氯乙烯	10
脂肪酸二乙醇酰胺	5	水	65

制备方法：将各组分加入反应釜中，加热升温，在搅拌下使物料混合至均匀即成。

性质与用途：本产品为乳白色液体，不燃烧，专门用于内燃机的清洗，对黏附的焦油、油污等有理想的清洗效果，对内燃机金属件无腐蚀，可广泛用于军事、民航、航海、内河航运、汽车运输业的内燃机清洗。

9.4　汽车用清洗剂

配方22 汽车用喷射清洗剂

组　　分	配比(质量份)	组　　分	配比(质量份)
壬基酚聚氧乙烯醚	10	氢氧化钠	20
磷酸三钠	20	碳酸钠	30
硅酸钠	20		

制备方法：将壬基酚聚氧乙烯醚与磷酸三钠混合均匀，再加入硅酸钠、氢氧化钠和碳酸钠，充分混合至均匀即成。

性质与用途：本产品用300～400倍的水溶解，然后喷射冲洗，若将本产品溶液加热后冲洗，效果更佳。本产品主要用于汽车外壳、底盘和玻璃窗的清洗，清洗后需擦涂上光蜡或防锈膏。

配方23 汽车用高效清洗剂

组　分	配比(质量份)			
	优质型	高级型	经济型	通用型
$C_{12}\sim C_{15}$ 醇聚氧乙烯(3)醚硫酸酯钠盐(60%)	15	13.9	8.3	6.7
烷基醇聚氧乙烯醚(AEO-6)	8	7	5	4
十二烷基苯磺酸钠	30	27	16.7	13.3
椰子油脂肪酸二乙醇酰胺	5	3	3	2
乙醇	3	3	2	—
水、颜料、香料	加至100	加至100	加至100	加至100

制备方法：在水中依次加入乙醇、十二烷基苯磺酸钠、AEO-6、$C_{12}\sim C_{15}$醇聚氧乙烯（3）醚硫酸酯钠盐、椰子油脂肪酸二乙醇酰胺，前一组分都应在确认完全溶解后再加下一组分，混合温度最好略高于环境温度，最后加入颜料及香料，即成。

性质与用途：本产品用于汽车表面的清洗，具有较好的去污效果，同时气泡性适中，易于清洗，省水。

配方24 汽车用光亮清洗剂

组　分	配比(质量份)	组　分	配比(质量份)
乙二胺四乙酸二钠	18	月桂基氧化胺	0.2
葡萄糖酸钠	2.5	磷酸三钠	0.1
椰子油酰基甜菜碱	2.5	水	74.6
氟化烷基羧酸钾	0.1		

制备方法：将所有组分加入水中，充分混合至均匀即成。

性质与用途：本产品能去除轿车外壳的各种污物，并使表面发亮，车身清洗后无须加蜡或使用抛光机，不会损伤车身涂料。

配方25 汽车用上光擦洗剂

组　分	配比(质量份)	组　分	配比(质量份)
地蜡	19	松节油	12
巴西棕榈蜡	8	溶剂用煤油	54
微晶石蜡	1	氧化硅微粉	适量
聚硅氧烷油	6		

制备方法：将各组分混合并加热熔化后，急骤冷却，即成为脆性固体蜡。稍微加热或用力搅动，本品又很容易熔化。

性质与用途：使用时，将本产品擦在干布上擦拭车体，干后另用干净布擦亮。本产品不仅可以擦去胶装油性污垢，且有上光和防水效果。

配方 26　汽车用无磷清洗剂

组　分	配比(质量份)	组　分	配比(质量份)
烷基聚氧乙烯醚硫酸钠(AES)	10	乙二胺四乙酸	1
N-甲基油酰氨基乙基磺酸钠	3	烷基聚氧乙烯(3)醚	3
十二烷基苯磺酸钠	4	烷基聚氧乙烯醚(3)磷酸酯	3
异辛醇聚氧乙烯醚(JFC-3.5)	3	水	加至 100
壬基酚聚氧乙烯醚(TX-10)	3		

制备方法：将乙二胺四乙酸与十二烷基苯磺酸钠溶于水中，再依次加入其余组分，混合至均匀即成。

性质与用途：本产品由多种表面活性剂复配而成，不含磷，对车身无腐蚀作用。

配方 27　汽车用免擦浓缩清洗剂

组　分	配比(质量份)	组　分	配比(质量份)
椰子油脂肪酸二乙醇酰胺(6501)	5~8	氢氧化钠	2~5
工业油酸	3~5	醇	5~10
壬基酚聚氧乙烯醚(TX-10)	10~15	水	加至 100

制备方法：将氢氧化钠溶于水中，再依次加入椰子油脂肪酸二乙醇酰胺、壬基酚聚氧乙烯醚、工业油酸和醇，加入下一组分前需确认前一组分充分溶解，混合至均匀即成。

性质与用途：本产品可喷于车身表面，30~60s 后，即可用清水冲洗，可达到快速清洗和养护的目的。

配方 28　汽车用免擦含硅油清洗剂

组　分	配比(质量份)	组　分	配比(质量份)
水溶性硅油	1~5	香精	0.1~0.3
壬基酚聚氧乙烯醚(TX-10)	1~3	水	加至 100
柠檬酸钠	2~5		

制备方法：将柠檬酸钠、壬基酚聚氧乙烯醚依次加入，混合至溶解，再加入水溶性硅油和香精，混合至均匀即成。

性质与用途：本产品可喷于车身表面，30~60s 后，即可用清水冲洗，可达到良好的清洗效果，并且具有一定的上光和护漆效果。

配方 29　汽车用液体抛光剂

组　分	配比(质量份)	组　分	配比(质量份)
轻质矿物油	16	海藻酸钠	0.5
巴西棕榈蜡	1.4	防腐剂	0.13
甘油	4.1	聚氧乙烯-聚氧丙烯醚	0.67
硅藻土	10.2	水	加至 100
六偏磷酸钠	0.2		

制备方法：将六偏磷酸钠、海藻酸钠、聚氧乙烯-聚氧丙烯醚、甘油和防

腐剂溶于水中，加入硅藻土并混合均匀，将液体混合物加热至 60℃，在充分搅拌下，缓慢滴入溶解了巴西棕榈蜡的轻质矿物油，充分混匀后冷却，过胶体磨，即成。

性质与用途：本产品的配方可以根据不同需要进行简单的改进，可通过改变磨料的类型和蜡组分来调节光亮膜的耐久度；可通过添加硅油、蜡组分或油相来提高光亮膜的光泽；可通过改变矿物油的量来调节干燥时间。

配方 30　汽车用抛光剂

组　　分	配比（质量份）	组　　分	配比（质量份）
合成酯蜡	9.2	硅藻土	3.5
石蜡（60～63℃）	9.2	硅油（1000mPa·s）	0.9
氧化微晶蜡	4.6	石油溶剂	69.1
硅油（300mPa·s）	3.5		

制备方法：将蜡（合成酯蜡、石蜡、氧化微晶蜡）混合后加热熔化，再加入硅油并混合均匀，然后加入石油溶剂，混合至完全溶解，最后加入硅藻土，冷却，即成。

性质与用途：本产品用于汽车表面漆的抛光，可以除去受氧化的漆面和车身上的各种异物，消除漆面细微划痕及各种斑迹。

配方 31　汽车蜡

组　　分	配比（质量份）	组　　分	配比（质量份）
巴西棕榈蜡	9	三乙醇胺	2.1
蜂蜡	3	水	38
石蜡	4.6	石油溶剂	38
硬脂酸	5.3		

制备方法：将三乙醇胺溶于水中得水相，并加热到 75℃；将巴西棕榈蜡、蜂蜡、石蜡、硬脂酸溶于油溶剂中得油相，并加热到 75℃；保持温度 75℃将水相加入到油相中，充分搅拌乳化，均质后冷却，得膏状产品。

性质与用途：本产品用于汽车漆面的保护，可渗透入漆面的缝隙中使表面平整而起到增加光亮度的效果。

配方 32　汽车玻璃防雾清洗剂

组　　分	配比（质量份）	组　　分	配比（质量份）
十二烷基硫酸钠	5	异丙醇	10
烷基磺基琥珀酸酯钠	2	丙二醇	20
月桂醇	1	蒸馏水	62

制备方法：将十二烷基硫酸钠、烷基磺基琥珀酸酯钠依次加入蒸馏水中，混合至溶解，再加入月桂醇、异丙醇、丙二醇，混合至均匀即成。

性质与用途：本产品用于汽车挡风玻璃的防雾，有效时间为 2 天。本产品还可用于浴室玻璃镜面、眼镜的防雾。

配方 33 汽车玻璃防雾防雨清洗剂

组　　分	配比(质量份)	组　　分	配比(质量份)
仲烷醇硫酸钠	4	丙二醇	5
二烷基磺基琥珀酸钠	3	异丙醇	10
单宁酸	1	蒸馏水	77

制备方法：将仲烷醇硫酸钠、二烷基磺基琥珀酸钠依次加入蒸馏水中，混合至溶解，再加入单宁酸、丙二醇、异丙醇，混合至均匀即成。

性质与用途：本产品用于汽车挡风玻璃的防雾，冬季的有效时间为 10 天，雨天有效时间为 3 天。

配方 34 汽车玻璃防霜防冻剂

组　　分	配比(质量份)	组　　分	配比(质量份)
磷酸钠	8～13	丙二醇	10～16
单脂肪酸酯	4.5～8.5	乙醇	3～6
松节油	0.5～1.5	去离子水	加至 100
甘油	28～38		

制备方法：将各组分搅拌混合均匀即成。

性质与用途：本产品无毒、无异味、无腐蚀性，能在物体表面形成保护膜，使水雾无法附着，冰霜不能结晶生长。本产品也可广泛用于房屋门窗、仪器仪表的透视玻璃和浴室镜面等。

配方 35 汽车挡风玻璃除冰剂

组　　分	配比(质量份)	组　　分	配比(质量份)
硅酸锂镁钠盐	3	硫酸钠	0.09
乙二醇	5	水	加至 100
异丙醇	10		

制备方法：将硫酸钠溶于尽量少的水中，得硫酸钠溶液；将硅酸锂镁钠盐在高速搅拌下分散于余量的水中，再加入乙二醇和异丙醇，最后加入硫酸钠溶液，混合至均匀即成。

性质与用途：本产品为无色透明液体、无毒、无腐蚀、无污染，能够快速清除冬季汽车玻璃上的雪、霜，不引起其他损伤，且在玻璃表面形成一层透明的薄膜，具有长效的防冻、防雾效果。

配方 36 汽车室内清洗剂

组　　分	配比(质量份)	组　　分	配比(质量份)
十二烷基硫酸钠	1	单乙醇胺	0.2
十二烷基聚氧乙烯醚	2	苯甲酸钠	0.5
月桂酰肌氨酸钠	1	水	加至 100

制备方法：将各组分依次加入水中，加入下一组分前需确认前一组分充分溶解，混合至均匀即成。

性质与用途：本产品无毒、无腐蚀性，且具有高效的除油除垢能力，用于汽车室内的清洗，洗后用净布擦拭即可，还具有一定抑菌效果。

9.5 发动机系统用清洗剂

配方 37 发动机油垢清洗剂

组　　分	配比(质量份)	组　　分	配比(质量份)
十二烷基聚氧乙烯醚苯甲酸酯	8	脱臭煤油	15
壬基酚聚氧乙烯醚苯甲酸酯	7	白溶剂油	20
四氯乙烯	25	甲基溶纤剂	4
三氯乙烯	18	丁基溶纤剂	3

制备方法：将各原料搅拌混合均匀即成。

性质与用途：本产品用醚酯类表面活性剂配制，性能温和，去除油污效果优异，能在金属表面形成脂膜，具有防锈、防腐蚀、延长使用寿命的功效，能够去除复杂机械部件上的油垢，不用擦洗，去油迅速，方便省力。

配方 38 汽车发动机清洗剂

组　　分	配比(质量份)	组　　分	配比(质量份)
顺式十八碳烯-9-酸	12	氨水	1.4
壬基酚聚氧乙烯醚	7	乙二醇单丁醚	17
失水山梨醇聚氧乙烯醚	3	乙醚	9
四二烯五胺	3	甲醇	22
二乙醇胺	4	异丙醇	20

制备方法：将顺式十八碳烯-9-酸溶于异丙醇，将二乙醇胺溶于乙二醇单丁醚，将二者混合，反应放热，生成油酸醇铵盐，冷却至室温后，再加入壬基酚聚氧乙烯醚、失水山梨醇聚氧乙烯醚、甲醇、四二烯五胺、乙醚，混合均匀，最后滴加氨水，终产品 pH 值为 7.5～8.5，为棕黄色透明液体。

性质与用途：本产品应用于发动机机体内部 3～5h，即可将机体内各种污垢清除干净，磨损率、腐蚀率低，可提高燃烧率，减少油耗最高达 15％以上，恢复马力最高达 21％，减少废气污染达 60％以上；低温可启动，－34℃仍可正常启动。

配方 39 汽车发动机除积炭清洗剂

组　　分	配比(质量份)	组　　分	配比(质量份)
煤油	22	氨水(25％)	15
松节油	17	苯酚	30
汽油	8	油酸	8

制备方法：将煤油、松节油和汽油混合均匀，另将苯酚和油酸混合均匀，然后加入氨水混合均匀，最后将两种溶液混合，不断搅拌下，呈橙红色均匀透明液

体即可。注意不能将油酸与氨水直接混合，否则会引起沉淀、分层，以致失去除积炭效果。

性质与用途：本产品对去除曲轴箱、气缸、发动机等内部零件的积炭效果良好。对钢、铁、铝无腐蚀，但因氨水对铜有腐蚀，对带铜的零件不适合浸泡。

配方 40　发动机除积炭用燃油添加剂

组　　分	配比(质量份)	组　　分	配比(质量份)
乙醇	27～32	乙酸正丁酯	4～7
乙烯基乙酸	13～17	蓖麻油	2～6
乙胺	24～27	香蕉水	12～17
辛醇	34～36	润滑油	2～3
甲酸异丙酯	11～15		

制备方法：先将乙醇和甲酸异丙酯混合，将辛醇和蓖麻油混合，然后将两者同时加入反应釜中，加热搅拌混匀；在减速搅拌下，加入乙胺，再将温度升到45℃，依次加入乙烯基乙酸、乙酸正丁酯、香蕉水和润滑油，混合均匀，冷却即成。

性质与用途：本产品添加于燃油中，可以在不拆卸发动机，不停车的状态下，对发动机系统的积炭、污垢进行快速彻底的清除，使用方便，效果显著，并可阻止新污垢的生成。使用本产品还可提高发动机马力，节约燃油，减少有害气体排放，延长发动机寿命。

配方 41　发动机清洁用燃油添加剂

组　　分	配比(质量份)	组　　分	配比(质量份)
乙二醇单丁醚	10	氨水(28%)	5
油酸	10	煤油	36
丁醇	10	发动机油	20
异丙醇胺	4	水	5

制备方法：将油酸溶于丁醇，加入水、异丙醇胺及氨水，混合均匀后，再加入乙二醇单丁醚、煤油和发动机油，充分搅拌使其乳化，形成乳状液即成。

性质与用途：本产品可直接添加于机动车燃油中，能自动清洗燃油系统，可快速去除油性污垢，并可阻止新的污垢沉积。

9.6　散热、冷却系统用清洗剂

配方 42　汽车散热器用除垢清洗剂

组　　分	配比(质量份)	组　　分	配比(质量份)
硅酸钠	33	水	66.85
重铬酸钾	0.15		

制备方法：将各组分加入水中，加热搅拌使物料混合均匀，冷却即成。

性质与用途：本产品为浅血红色透明液体，主要用于汽车散热器的油污、尘埃、水垢等的清洗。

配方 43　汽车散热器用除锈清洗剂

组　　分	配比(质量份)	组　　分	配比(质量份)
乙二胺四乙酸四钠	5	水	65
二水合柠檬酸三钠	25	氢氧化钠	适量
硝酸钠	5		

制备方法：将氢氧化钠单独包装，其余组分溶于水中，混合至均匀即成。

性质与用途：使用时，用 9 倍体积的水稀释，并用氢氧化钠调节 pH 值至 11.5～12。本产品专门用于清洗汽车散热器上的焊霜、铁锈以及其他锈蚀物。

配方 44　车辆冷却水系统柠檬酸清洗剂

组　　分	配比(质量份)	组　　分	配比(质量份)
柠檬酸	110	盐酸(以 100% HCl 计)	48
乙二胺四乙酸	96	硫氰酸钠	14
氟化铵	80	六亚甲基四胺	50
苯胺	19	椰子油脂肪酸二乙醇酰胺	8
乙酸	60	水	125

制备方法：在搅拌下分别将盐酸和乙酸缓慢加入水中，再加入苯胺混合至均匀，得水溶液；将柠檬酸、乙二胺四乙酸、氟化铵、硫氰酸钠、六亚甲基四胺、椰子油脂肪酸二乙醇酰胺在不锈钢容器中混合均匀，在搅拌下加入水溶液，使其混合反应 20min，再静置 2h，即成。

性质与用途：取本产品 500 mL 加入汽车水箱内，将水灌满水箱后汽车即可行驶，行驶过程中清洗液自动对整个冷却系统进行清洗和钝化。在汽车冷却系统的工作温度（80～100℃）下，本产品对铜基本无腐蚀，对钢铁的缓释率大于 9%，对钢铁有发蓝钝化保护作用，清洗后不必进行钝化后处理，清洗可在行驶中完成，时间 2～6h。清洗完毕后，放出清洗剂和污物，再注入清水，将冷却系统清洗 1～2 次即可。本产品可实现冷却系统的高效清洗。

配方 45　车辆冷却水系统氨基磺酸清洗剂

组　　分	配比(质量份)	组　　分	配比(质量份)
氨基磺酸	1400	磷酸	8
乙二胺四乙酸	88	硫氰酸钠	2.4
氟化氢铵	16	缓蚀剂(Lan-826)	16
苯胺	12	十二烷基硫酸钠	0.8
甲酸	8	水	48

制备方法：将各固体组分按比例加入不锈钢容器中，搅拌下加入配方量的液体原料，搅拌 16min，再静置 3h，即成。

性质与用途：用法参见车辆冷却水系统柠檬酸清洗剂。

配方 46　车辆冷却水系统酒石酸清洗剂

组　　分	配比(质量份)	组　　分	配比(质量份)
酒石酸	1000	硫酸	64
乙二胺四乙酸	40	硫氰酸镁	32
柠檬酸铵	80	若丁	80
对甲基苯胺	48	染料 1227	32
丙酸	64	水	160

　　制备方法：将各固体组分按比例加入不锈钢容器中，搅拌下加入配方量的液体原料，搅拌 30min，再静置 1h，即成。

　　性质与用途：用法参见本节配方 44 车辆冷却水系统柠檬酸清洗剂。

第 **10** 章

公共设施用清洗剂

公共设施用清洗剂适用于学校、医院、酒店、车站和机场等各种公共场所的公共设施清洗和消毒，对于保持公共设备的干净卫生、维护公共环境的健康有序、确保食品安全、保障安全生产生活和出行、抑制公共场所细菌传播及疾病爆发等都有着重要意义。

公共设施领域清洗对清洗剂有一些特性需求和专业要求，如人员及环境安全、长效清洁功能、消毒抑菌功效等。此外，公共设施的清洗和消毒涉及场所、材质范围非常广泛，人流密集的公共场所如医院、车站、学校、酒店等，涉及公共设施的材质诸如玻璃、瓷砖、金属、油漆、橡胶等。除了清洗要求，通常还需保障消毒、杀菌、除霉等功效。针对此类特性，公共设施清洗剂品种正从通用型向专用型发展。

公共设施清洗剂的有效成分主要是混合组分的表面活性剂，包括阴离子、非离子、阳离子、两性离子及特种表面活性剂，有主表面活性剂与助表面活性剂之分，一般阴离子表面活性剂作为主剂，浓度为 10%～40%，阳离子和两性离子表面活性剂用作助剂，助剂组分主要用于改善和调节性能，例如用于改善污垢去除性能的助表面活性剂烷基磺酸钠，对皮肤起保护作用，用于改善与皮肤相容性的脂肪酸烷醇酰胺和甜菜碱，释放活性氯、改善洗涤剂消毒性能的三氯异氰尿酸盐，以及杀菌剂季铵盐、黏度助剂烷醇酰胺等。助剂的作用包括乳化、匀染、增溶、消泡、润滑、破乳、柔软、抗静电、杀菌、防腐等。此外，清洗剂中还需加入一些亲水物质和填料等。

为保障公共设施的清洁功效和环境安全，无论是产品用量、水和能源损耗，还是环境、操作人员安全，公共设施清洗剂配方的设计和要求都很严格。针对高效清洁产品的需求，组合优良特效的表面活性剂单体、加强各种有效成分的复配研究、使用浓缩配方是目前公共设施清洗剂的发展趋势。此外，节约用水、避免水污染、进行水处理、清洁、维护及安全的无水消毒清洗剂将是公共设施清洗的新发展领域。

10.1 墙面用清洗剂

配方1 墙壁清洗剂

组　　分	配比(质量份)	组　　分	配比(质量份)
α-柠檬烯	35	壬基酚聚氧乙烯醚(TX-10)	5
脱臭煤油	50	香精	适量
十二烷基苯磺酸钠	10		

制备方法：将α-柠檬烯和脱臭煤油在容器内混合均匀，再加入十二烷基苯磺酸钠和 TX-10，搅拌至混合均匀，最后加入香精，即成。

性质与用途：本产品可用于各种墙壁表面污迹的清洗，不损伤表面，清洗效果极佳。

配方2 浅色外墙清洗剂

组　　分	配比(质量份)	组　　分	配比(质量份)
过碳酸钠	10	丁二酸酐	10
癸基聚葡萄糖苷	2	对甲苯磺酸盐	5

制备方法：将各组分混合均匀即成。

性质与用途：本产品用水配制成稀溶液，用于建筑外墙的清洗，能起到漂白作用，尤其适合白色及浅色外墙的清洗，使用过程中不产生刺激性气味。

配方3 油漆墙面清洗剂

组　　分	配比(质量份)	组　　分	配比(质量份)
次氮基三乙酸	8	辛基酚聚氧乙烯(4)醚	5
二乙醇胺	9.5	异丙基苯磺酸钠溶液(40%)	5
三乙醇胺	18	水	加至100

制备方法：将各组分加入水中，混合至均匀即成。

性质与用途：本产品用于清洗油漆墙面时，不易从垂直光滑的漆面落下，故能延长与污垢的作用时间，冲洗后可使漆面干净美观，亦可用于其他油漆表面的清洗。

配方4 涂料墙面清洗剂

组　　分	配比(质量份)	组　　分	配比(质量份)
月桂醇聚氧乙烯醚	8	乙二胺四乙酸	4
烷基酚聚氧乙烯醚	2	水	83
异丙醇	3		

制备方法：将各组分加入水中，混合至均匀即成。

性质与用途：本产品为中性清洗剂，适用于涂料墙面和釉面砖的清洗，对墙体材质无影响。

配方5　瓷砖墙面清洗剂

组　分	配比(质量份)	组　分	配比(质量份)
烷基酚聚氧乙烯醚(渗透剂)	2～5	尿素(缓冲剂)	20～25
月桂基二甲基甜菜碱(润湿剂)	1～4	草酸(助洗剂)	5
十二烷基三甲基氯化铵(助洗剂)	25～50	羧甲基淀粉(防再沉淀剂)	1
三聚磷酸钠(软水剂)	8～10	香精	适量
磷酸钠(防蚀剂)	10～15		

制备方法：将各组分混合至均匀即成。

性质与用途：本产品能有效地去除外墙瓷砖上的石膏、铁锈等污垢，去污能力强，环境污染小。

配方6　大理石墙面清洗剂

组　分	配比(质量份)	组　分	配比(质量份)
碳酸钠	1.5～8.5	乙二醇	3～8
烷基苯磺酸钠	2～10	水	加至100

制备方法：将碳酸钠加入水中，混合至溶解，再加入其余组分，混合至均匀即成。

性质与用途：本产品呈碱性，可增强对污垢的清洗能力，对大理石材质无影响，特别适合于大理石墙面的清洗。

配方7　玻璃幕墙清洗剂

组　分	配比(质量份)	组　分	配比(质量份)
十二烷基苯磺酸钠	3～15	水性硅油	2～5
烷基酚聚氧乙烯醚	1.5～18	香精	适量
异丙醇	20～35	水	加至100
氨水(28%)	2～3		

制备方法：将各组分加入水中，混合至均匀即成。

性质与用途：本产品兼具去污、增亮、防尘、防雾等多重功效，一喷即擦，无须过水，还可用于有机玻璃、陶瓷制品、塑料、不锈钢等表面的擦洗。

配方8　混凝土墙面清洗剂

组　分	配比(质量份)	组　分	配比(质量份)
椰油基咪唑啉二羧酸钠	4	无水偏硅酸钠	2
辛基聚氧乙烯(9～10)醚	2	卡必醇	2
焦磷酸钠	6	水	83
磷酸钠	1		

制备方法：将焦磷酸钠、磷酸钠、无水偏硅酸钠加入水中，混合至溶解，再加入其余组分，混合至均匀即成。

性质与用途：本产品无毒无味，易于分解，不影响环境，能够迅速清除混凝土墙面及缝隙的污垢，渗入深度适宜，不影响混凝土浆体的强度。

配方 9　外墙黏附物清洗剂

组　　分	配比(质量份)	组　　分	配比(质量份)
油酸钠	6	甲醇	2
苎烯	50	水	29
壬基酚聚氧乙烯醚	13		

制备方法：将各组分加入水中，混合至均匀即成。

性质与用途：本产品适用于建筑物外墙、地面黏附物的清洗，可从墙面、柱子、道路、砖瓦或衣物上去除黏附的橡胶、胶黏剂和口香糖等。

配方 10　壁纸专用清洗剂

组　　分	配比(质量份)	组　　分	配比(质量份)
氯化钙粉	66.5	轻石粉末	4.7
烧制氧化镁粉	13.4	柠檬油	2.0
酸性白土	13.4		

制备方法：将柠檬油喷洒于氯化钙粉的表面，再与其余组分混合至呈自由流动的粉末即成。

性质与用途：本产品适用于壁纸的擦洗，能去除壁纸表面附着的灰尘、烟垢以及手汗等污染物，恢复壁纸本来的色彩和光泽。

配方 11　墙面油漆清除剂

组　　分	配比(质量份)	组　　分	配比(质量份)
液体钾皂(40%)	45	乙基溶纤剂	20
氧化石油脂(7 号)	10	水	20
环己醇	5		

制备方法：在搪瓷反应器中，加入水、液体钾皂、氧化石油脂，升温至 60℃，混合至均匀，再加入环己醇和乙基溶纤剂，混合至均匀，降至室温，即成。

性质与用途：本产品能快速去除石油、油漆颜料污垢，去污能力强，效果明显。

10.2　地面用清洗剂

配方 12　普通地面清洗剂

组　　分	配比(质量份)	组　　分	配比(质量份)
C_{12}～C_{15} 脂肪醇聚氧乙烯(3)醚	6.7	无水磷酸三钠	2
硫酸钠		五水偏硅酸钠	13.9
C_9～C_{11} 烷基醇聚氧乙烯(6)醚	6	异丙醇	2
脂肪酸二乙醇酰胺	2	水、染料、香精	加至100

制备方法：将无水磷酸三钠和五水偏硅酸钠加入水中，混合至溶解，再加入其余组分，混合至均匀，最后加入染料和香精，即成。

性质与用途：本产品用于普通地面的清洗，具有良好的去污能力。

配方13　重垢地面清洗剂

组　　分	配比(质量份)	组　　分	配比(质量份)
壬基酚聚氧乙烯醚	2	乙二醇丁醚	5
十二烷基苯磺酸	1.5	三聚磷酸钠	3
椰子油脂肪酸二乙醇酰胺	4	氢氧化钠	2
烯基磺酸钠	4	水	加至100

制备方法：将三聚磷酸钠、氢氧化钠和烯基磺酸钠加入水中，混合至溶解，再加入其余组分，混合至均匀即成。

性质与用途：本产品是重油污场所如屠宰场、鱼店、肉店等的理想清洗剂。

配方14　通用型地板清洗剂

组　　分	配比(质量份)	组　　分	配比(质量份)
脂肪醇聚氧乙烯醚	1	二甲苯磺酸钠	6.6
焦磷酸钾	10	水	82.4

制备方法：将各组分依次加入水中，混合至溶解即成。

性质与用途：本产品为碱性清洗剂，去污力强，清洗方便，无泡或低泡，可用于手洗和机洗地板用，对地板表面的油漆膜无损害，亦可用于清洗水泥地面。

配方15　水泥地面清洁剂

组　　分	配比(质量份)	组　　分	配比(质量份)
壬基酚聚氧乙烯醚	20	煤油	60
乙二醇单丁醚	20		

制备方法：将各组分混合至均匀即成。

性质与用途：本产品用于去除水泥地面上的各类油污。

配方16　水磨石地面擦洗剂

组　　分	配比(质量份)	组　　分	配比(质量份)
月桂醇聚氧乙烯醚	5	三乙醇胺	0.05
十二烷基二甲基苄基氯化铵	1	水、香料、色料	加至100
羟乙基纤维素	0.5		

制备方法：将月桂醇聚氧乙烯醚、十二烷基二甲基苄基氯化铵和羟乙基纤维素加入水中，加热至60～70℃，搅拌至完全溶解，再加入三乙醇胺，混合至均匀，最后加入色料和香料即成。

性质与用途：本产品能有效地擦洗餐厅等公共场所的水磨石地面。

配方 17　瓷砖地面清洗剂

组　分	配比(质量份)	组　分	配比(质量份)
壬基酚聚氧乙烯(9.5)醚	1.0	磷酸二氢钠	20
磷酸	2	氯化钠	4.0
柠檬酸	12	二甲苯磺酸钠	4.8
三聚磷酸钠	0.5	水	加至100
酸性焦磷酸钠	0.5		

制备方法：将磷酸和柠檬酸溶于水中，再加入三聚磷酸钠、酸性焦磷酸钠、氯化钠、磷酸二氢钠，搅拌至溶解，最后加入壬基酚聚氧乙烯（9.5）醚和二甲苯磺酸钠，搅拌至溶解即成。

性质与用途：本产品适用于瓷砖地面的清洗，可提高打滑地面的静摩擦系数，起防滑作用。

配方 18　聚合物地板清洗剂

组　分	配比(质量份)	组　分	配比(质量份)
环己胺乙氧基(2)化物	18	乙二胺四乙酸四钠	0.5
壬基酚聚氧乙烯醚	3	丙二醇单甲醚	3
偏硅酸钠	5	水	加至100
对甲苯磺酸钠	1		

制备方法：将各组分加入水中，混合至均匀即成。

性质与用途：本产品适用于清洗涂有耐久的聚丙烯酸与聚脲烷蜡的地板，效果十分显著。

配方 19　木质地板清洁剂

组　分	配比(质量份)	组　分	配比(质量份)
2,5-己二酮	30~70	甲醇	10
乙二醛	0.5~3	水	加至100
烷基酚聚氧乙烯醚	0.05~0.5		

制备方法：将各组分加入水中，混合至均匀即成。

性质与用途：本产品适用于木质地板和家具的清洗，水溶性或油溶性带色污垢均能除去，同时不损伤地板、家具的本色。

配方 20　塑胶地板清洗剂

组　分	配比(质量份)	组　分	配比(质量份)
巴西棕榈蜡	13.2	硼砂	1
油酸	1.5	氨水(28%)	0.32
三乙醇胺	2.2	水	加至100
紫胶	2		

制备方法：将硼砂和氨水溶于水中（可加热促溶）得水溶液，将巴西棕榈蜡、油酸和紫胶混合，加热到 90℃，熔化后混合均匀，搅拌下加入三乙醇胺，混合均匀后再加入水溶液，继续搅拌 30min 后，自然冷却，即成。

性质与用途：本产品能有效去除塑胶地板表面的污物，并能在塑胶表面产生上光效果，对塑胶材质无腐蚀作用。本产品无挥发性物质，对居室无环境污染。

配方 21　地毯用除斑清洗剂

组　分	配比(质量份)	组　分	配比(质量份)
异丙醇	10	双氧水(30%)	30
氢氧化钠(30%)	10	纯化水	加至100

制备方法：将各组分溶于水中，混合至均匀即成。

性质与用途：本产品适用于清洗尼龙、聚酯和聚丙烯地毯，使用时喷到地毯上，1h 后可以去除黑色咖啡斑。

配方 22　地毯用免水洗清洗剂

组　分	配比(质量份)	组　分	配比(质量份)
丁基溶纤剂	14.29	木粉	42.84
矿油精(沸点低于 0℃ 的烃类混合物)	14.29	三氯乙烯	14.29
		水	14.29

制备方法：将各组分混合至均匀即成。

性质与用途：在地毯上洒下清洗剂，轻轻擦拭，污垢就能溶解、分散而被木粉吸附，随着清洗剂中的溶剂逐渐挥发，木粉逐渐干燥，可用吸尘器吸去，无须用清水冲洗。

配方 23　地毯用除垢增色清洗剂

组　分	配比(质量份)	组　分	配比(质量份)
十二烷基硫酸钠(30%)	20	阿拉伯树胶	0.5
十二烷基苯磺酸钠(40%)	10	羧甲基纤维素	0.5
月桂酰二乙醇胺	5	甲醛(38%)	0.4
胶性硅酸镁铝	1.6	水、染料、香精	加至100

制备方法：将甲醛、阿拉伯树胶、羧甲基纤维素、胶性硅酸镁铝溶于水中，搅拌至溶解，然后加入其余组分，混合至均匀即成。

性质与用途：本产品配成 1%～2% 的水溶液，喷洒在地毯上，再用刷子刷洗，最后用吸尘器吸除污垢和水分。本产品不但可以除去地毯灰尘污垢，而且可使地毯更鲜艳芳香。

配方 24　地毯用柔软增亮清洗剂

组　分	配比(质量份)	组　分	配比(质量份)
脂肪醇聚氧乙烯醚	1～2	亚硫酸钠	1.4～3
椰子油脂肪酸二乙醇酰胺	1～2	水	加至100
辛基酚聚氧乙烯醚	0.5～1		

制备方法：将各组分溶于水中，混合至均匀即成。

性质与用途：本产品稀释至 0.1％～2％，将地毯在 30～60℃ 的本剂的稀释液中浸泡 20～30min，用刮板刮洗毯面，再用清水漂洗干净后烘干。地毯清洗后的手感、光泽度、柔软度及清晰度均有明显的提高。

配方 25　地板蜡清洗剂

组　分	配比(质量份)	组　分	配比(质量份)
壬基酚聚氧乙烯(9～10)醚	5	氢氧化钠	1
烷基磷酸酯	3	乙醇胺	0.5
乙二胺四乙酸二钠	6	一缩二丙二醇甲醚	4
无水偏硅酸钠	3.5	水	加至 100

制备方法：将乙二胺四乙酸二钠、无水偏硅酸钠和氢氧化钠加入水中，混合至溶解，再加入其余组分，混合至均匀即成。

性质与用途：本产品外观透明，pH 值为 13.3，黏度为 1×10^{-2} Pa·s，清洁时每升水加入 50g 本剂，脱蜡用时每升水加入 100g 本剂。

10.3　其他硬表面用清洗剂

配方 26　通用硬表面清洗剂

组　分	配比(质量份)	组　分	配比(质量份)
十二烷基二甲基丙基氯化铵	0.2	异丙醇	3
乙醇胺	6.5	水	93.3
丙二醇单丁醚	3		

制备方法：将各组分溶于水中，混合至均匀即成。

性质与用途：本产品适用于玻璃、陶瓷、塑料等制品的表面清洗，特别是用于清洗玻璃时，不会残留膜和斑纹。

配方 27　通用硬表面乳状清洗剂

组　分	配比(质量份)	组　分	配比(质量份)
十二烷基苯磺酸钠	2	交联聚丙烯酸酯(增稠剂)	0.2
椰子油脂肪酸	0.6	聚氯乙烯磨料	5
丁氧基异丙醇	2.5	水	27.7
次氮基三乙酸钠	2		

制备方法：将各组分混合至均匀即成。

性质与用途：本产品为乳状液，去污性强、擦亮性好、易于漂清，不凝集于被洗表面，适用于多种硬表面材质的清洗，如金属、陶瓷、玻璃等。

配方 28　硬表面酸性清洗剂

组　分	配比(质量份)	组　分	配比(质量份)
双氧水(以过氧化氢 100％计)	5	硬脂基三甲基氯化铵	1
柠檬酸	5	水	加至 100

制备方法：将柠檬酸溶于水，再加入其余组分，混合至均匀即成。

性质与用途：本产品是硬表面专用酸性洗涤剂，清洗性能强，储存稳定性良好，与含氯洗涤剂混合使用时不产生氯气。适用于陶瓷、搪瓷及不锈钢等硬表面的清洗。

配方29　硬表面免冲洗清洗剂

组　　分	配比(质量份)	组　　分	配比(质量份)
高纯度液蜡	10	硬脂酸	4
鲸蜡	8	硬脂酸钾	4
聚乙烯醇	6.74	鲸蜡醇	0.5
凡士林	1	1,3-丁二醇	3
失水山梨糖醇单月桂酸酯	2	水、香精	加至100
甲基苯基聚硅氧烷树脂	1		

制备方法：将各组分加入水中，混合至均匀即成。

性质与用途：本产品为稳定乳化清洗剂，在40℃下可保存30天，或1～5℃时可保存90天。擦洗时，污染物与洗涤剂形成橡胶状小颗粒从硬表面脱落，无须再冲洗。

配方30　搪瓷表面清洗剂

组　　分	配比(质量份)	组　　分	配比(质量份)
十二烷基苯磺酸钠	2.5	硼砂	1.0
三聚磷酸钠	4.0	谷壳灰	92.5

制备方法：将各组分混合至均匀即成。

性质与用途：本产品适用于搪瓷表面的清洗，主要是去除油污。

配方31　陶瓷表面专用清洗剂

组　　分	配比(质量份)	组　　分	配比(质量份)
C_{10} 烷基糖苷	0.5	巴西棕榈蜡	0.1
月桂醇醚硫酸钠	0.5	乙醇	5.0
戊二醛	0.2	水	加至100

制备方法：将各组分加入水中，混合至均匀即成。

性质与用途：本产品为陶瓷表面专用清洗剂。洗后既不用漂清，也不会有可见残痕。

配方32　陶瓷表面不伤釉清洗剂

组　　分	配比(质量份)	组　　分	配比(质量份)
琥珀酸酯磺酸钠	6	乙醇	30
磷酸尿素络合物	20	水	加至100
乙二胺四乙酸	7		

制备方法：将各组分加入水中，混合至均匀即成。

性质与用途：本产品专用于陶釉制品表面的去污清洗，不损害釉膜，使用时可擦洗，也可根据需要用水稀释浸洗。

配方 33　橡胶表面清洗剂

组　　分	配比(质量份)	组　　分	配比(质量份)
二甲基硅油(25℃时，黏度 0.8～1.2Pa·s)	20～30	月桂基磺酸钠	4～8
		羧基甜菜碱	1～3
脂肪醇聚氧乙烯醚	2～6	水	加至 100

制备方法：将各组分加入水中，混合至均匀即成。

性质与用途：本产品适用于橡胶表面的清洗，可在 30s 内擦干净，恢复原有光泽，不损伤橡胶表面，也可用于清洗塑料表面。

配方 34　聚氯乙烯表面清洗剂

组　　分	配比(质量份)	组　　分	配比(质量份)
月桂醇聚氧乙烯(9)醚	1～3	乙二胺四乙酸四钠	2～3
十二烷基三甲基氯化铵	10～15	硅酸钠	0.5～1
尿素	10～15	水	加至 100
柠檬酸钠	4～8		

制备方法：将尿素、柠檬酸钠、乙二胺四乙酸四钠、硅酸钠加入水中，混合至溶解，再加入其余组分，混合至均匀即成。

性质与用途：本产品呈碱性，可以有效去除聚氯乙烯塑料上的油脂垢，而不损伤聚氯乙烯材质。

配方 35　乙烯基材料清洗剂

组　　分	配比(质量份)	组　　分	配比(质量份)
乙二醇甲醚	30	次氯酸钠溶液(5%)	60
白炭黑	10		

制备方法：将各组分混合至均匀即成。

性质与用途：本产品可原液使用，也可用水稀释到 5%～10% 使用，适用于清洗和去除乙烯基硬塑料表面的墨水、蜡等污渍。

配方 36　塑料表面清洗剂

组　　分	配比(质量份)	组　　分	配比(质量份)
硬脂酸	7	2-(2-羧基-3,5-二叔戊基苯基)苯并三唑	0.7
十二烷基苯磺酸钠	1		
羧甲基纤维素钠	1	水	加至 100
氧化铝	30		

制备方法：依次将硬脂酸、十二烷基苯磺酸钠、羧甲基纤维素钠、2-(2-羧基-3,5-二叔戊基苯基)苯并三唑加入水中，加入下一组分前需确认前一组分充分溶解，最后加入氧化铝，混合至均匀即成。

性质与用途：本产品用于塑料表面的擦洗，具有良好的去污和光亮效果。

配方 37　玻璃表面通用清洗剂

组　分	配比(质量份)	组　分	配比(质量份)
脂肪醇聚氧乙烯(7)醚	0.3	二乙二醇单乙醚	3
聚氧乙烯椰油酸酯	3	氨水(28%)	2
异丙醇	8	水	加至100

制备方法：将脂肪醇聚氧乙烯（7）醚和聚氧乙烯椰油酸酯溶于水中，混合至溶解，加入二乙二醇单乙醚和异丙醇溶剂，最后加入氨水，混合至均匀即成。

性质与用途：本产品用于建筑物外立面玻璃的清洗，清洗效果佳，且有一定防尘效果。

配方 38　浓缩型玻璃表面通用清洗剂

组　分	配比(质量份)	组　分	配比(质量份)
烷基萘磺酸钠	2.5	氨水	5
焦磷酸钾	1	异丙醇	24
丁基溶纤剂	5	去离子水	61.5
葡萄糖酸钠	1		

制备方法：轻微搅拌下，按配方顺序混合各组分即得本剂。

性质与用途：使用时，水与本剂的稀释比如下，清洗轻垢玻璃时 16：1，清洗重垢玻璃时 8：1。

配方 39　玻璃表面酸性清洗剂

组　分	配比(质量份)	组　分	配比(质量份)
磷酸	1	烷基酚聚氧乙烯醚(OP-10)	1
草酸	0.5	十二烷基磺酸钠	1.5
乙二胺四乙酸	1	水	加至100
乙二醇乙醚乙酸酯	1.5		

制备方法：依次将磷酸、草酸缓慢加入匀速搅拌的水中，再依次加入其余组分，加入下一组分前需确认前一组分充分溶解，混合至均匀即成。

性质与用途：本产品适用于玻璃表面的普通污垢和硬水污斑，具有良好的清洗效果，且不会产生不良气味，清洗后也不易产生斑纹。

配方 40　玻璃门窗速干清洗剂

组　分	配比(质量份)	组　分	配比(质量份)
月桂基二甲基氧化胺	0.4	甘油	0.2
过氟烷基乙基二甲基氧化胺	0.02	乙二醇单丁醚	0.25
乙二胺四乙酸四钠	0.1	异丙醇	4
单乙醇胺	0.4	水	加至100

制备方法：将各组分加入水中，混合至均匀即成。

性质与用途：本产品适用于清洗玻璃门窗，具有良好的去脂效果，润湿、流平能力，易于擦拭，快速干燥，无条痕。

配方41　玻璃门窗易冲洗清洗剂

组　分	配比(质量份)	组　分	配比(质量份)
壬基酚聚氧乙烯(10)醚	0.5	异丙醇	35
二乙二醇单乙醚	8	水	56.5

制备方法：将壬基酚聚氧乙烯(10)醚溶于水中，再依次加入二乙二醇单乙醚、异丙醇，混合至均匀即成。

性质与用途：本产品适用于高层建筑玻璃门窗的清洗。因本剂中含有较大比例的可挥发性溶剂，能够将污垢分散，且能够带走部分被分散的污垢。本产品去污力强，且只需少量水冲洗，或不用冲洗，对玻璃无腐蚀作用。

配方42　玻璃防雾清洗剂

组　分	配比(质量份)	组　分	配比(质量份)
二甲基硅氧烷共聚醇	1	去离子水	49.5
异丙醇	49.5		

制备方法：将各组分溶于去离子水中，混合至均匀即成。

性质与用途：将本产品在玻璃表面涂出一均匀薄层，即可达到防雾效果。

配方43　玻璃防雾防霜清洗剂

组　分	配比(质量份)	组　分	配比(质量份)
辛基酚聚氧乙烯醚	0.5	蒸馏水	30
硅油	0.2	喷射剂(异丁烷)	5
异丙醇	64.3		

制备方法：将辛基酚聚氧乙烯醚溶于蒸馏水中，再加入硅油和异丙醇，混合至均匀，最后加喷射剂，注入瓶中即成。

性质与用途：本产品适用于潮湿天气的门窗玻璃的防雾处理，可用于机场、火车站、汽车门窗等的去污和防雾，在冬天还具有防霜效果。

配方44　玻璃防雾防露清洗剂

组　分	配比(质量份)	组　分	配比(质量份)
N-(β-氨乙基)-γ-氨丙基硅氧烷	5	甲醇	20
辛基酚聚氧乙烯醚	0.5	甘油	14
乳酸	0.3	水	60
乙二醇苯醚	0.2		

制备方法：将各组分依次加入水中，加入下一组分前需确认前一组分充分溶解，混合至均匀即成。

性质与用途：将本产品喷于玻璃门窗上，无液体聚集成滴，能起到防雾、防露的作用。

10.4 居室用品清洗剂

居室用品清洗剂系列产品用于居室和公共场所，一般不采用强酸强碱，清洗剂性能较为温和。产品品种主要包括家具清洗上光剂、家用电器清洗剂、瓷器珠宝、古玩字画等饰物清洗剂。这些清洗剂除要求效果好外，使用方便也是非常重要的要求。

家具清洗上光剂多为液体，呈碱性，常含溶剂，其主要成分是阴离子或非离子表面活性剂、磷酸盐、羧甲基纤维素、尿素、溶剂、杀菌剂、香精等。上光剂另含有光泽物质，如蜡、树脂、矿物油等，起增加光亮及保护家具作用。家用电器清洗剂一般为气雾剂，使用时喷于电器表面，用软布或海绵轻轻擦拭，除了能清洁电器表面，还常具有抗静电的性能。装饰物品清洗剂针对的污垢一般较轻，但需要注意保护饰物的材料、色泽、光泽等。

配方 45　家用清洗剂

组　　分	配比(质量份)	组　　分	配比(质量份)
十二烷基苯磺酸钠溶液(60%)	2.5	焦磷酸四钠	5
二甲苯磺酸钠	4	水	88.5

制备方法：将各组分依次加入水中，混合至均匀即成。

性质与用途：本产品为弱碱性，用于清洗普通家具，去污能力强，且不会影响油漆表面。使用时可根据需要进行稀释。

配方 46　家具除霉清洗剂

组　　分	配比(质量份)	组　　分	配比(质量份)
果胶酶	0.01	氢氧化钠	0.80
淀粉酶	0.01	硅酸钠	0.04
蛋白酶	0.01	芳香剂	0.34
辛基硫酸钠	2.00	水	加至100
十二烷基硫酸钠	4.00		

制备方法：将辛基硫酸钠和十二烷基硫酸钠溶于水中，再加入氢氧化钠和硅酸钠，搅拌至溶解，最后加入酶和芳香剂，混合至均匀并灌入气雾剂包装中，即成。

性质与用途：本产品用于室内或潮湿环境下瓷砖、壁纸、木制家具等的除霉清洗，并可起到抑菌作用。

配方 47　家具抗静电清洗剂

组　分	配比(质量份)	组　分	配比(质量份)
蜡(熔点 90℃)	5	硅酸钠	10
脂肪酸乙醇酰胺保护胶体	0.5	三氯化铝溶液(5%)	1
烷基硫酸钠	5	水	48.5
氯化镁	30		

制备方法：将脂肪酸乙醇酰胺保护胶体、烷基硫酸钠、氯化镁、硅酸钠、三氯化铝溶液依次加入水中，前一组分都需确认完全溶解后再加入下一组分。然后将水溶液加热至 90℃，同时将蜡加热至 90℃使其熔化，将熔化的蜡慢慢加入到搅拌下的水溶液中，加完后继续搅拌 30min 以上，冷却制成。

性质与用途：本产品有较好的去污能力，碱性很弱，对家具表面的油漆膜无任何破坏作用，且能使膜达到上光的效果，具有保护作用。由于家具漆膜的绝缘性，擦洗家具时容易在漆膜上产生静电，反而易于吸尘而污染。本产品最大的特点在于抗静电的效果。

配方 48　家具擦亮剂

组　分	配比(质量份)	组　分	配比(质量份)
聚二甲基硅氧烷(350)	5.00	聚二甲基硅氧烷(100)	2.00
酯型蜡(滴点 79℃)	1.50	活性氨基硅氧烷聚合物(SF1706)	2.00
油酸	1.50	高岭土	7.80
水溶性丙烯酸(934)	0.25	硅藻土(软磨料)	4.20
吗啉	1.50	水	74.15
凯松	0.10		

制备方法：将聚二甲基硅氧烷（350）、酯型蜡和油酸加热至 100℃，混合至均匀得油相；将水溶性丙烯酸、吗啉和凯松溶于水中，加热至 85℃，混合至均匀得水相；在高剪切搅拌下，将油相加入水相中，混合时温度自然下降，当温度降到 60～70℃时，持续高剪切搅拌下，加入聚二甲基硅氧烷（100）和活性氨基硅氧烷聚合物，混合均匀后，降低搅拌速度到中速并缓慢加入高岭土和硅藻土，混合至均匀，冷却，即成。

性质与用途：本产品用于家具表面漆的擦亮和护理，不但可以去除各类污垢，还能够修复表面细纹和斑痕，恢复家具表面的光亮和平滑触感。

配方 49　家具光亮剂

组　分	配比(质量份)	组　分	配比(质量份)
烷氧基聚硅氧烷	10	松香	2
锭子油	4	汽油	适量
壬基酚聚氧乙烯(8)醚	4	尿素	6
硬脂酸聚氧乙烯(7)酯	8	水、香精	60
合成蜡	6		

制备方法：将烷氧基聚硅氧烷、锭子油、壬基酚聚氧乙烯（8）醚、硬脂酸聚氧乙烯（7）酯、合成蜡、松香溶于适量汽油中，加热至105℃，使蜡熔化并充分混合均匀；然后冷却至75℃，在搅拌下加入尿素的水溶液，混合至均匀，最后加入香精即成。

性质与用途：本产品为膏状物，能去除家具油漆膜表面的污垢，在不用反复擦拭的条件下，残留在漆膜表面的膏膜会自动使油漆表面更佳光亮。

配方50　家具电器干洗剂

组　　分	配比（质量份）	组　　分	配比（质量份）
乙醇（80%）	12.5	乙二胺四乙酸	0.2
三聚磷酸钠	0.5	乙酸乙酯	1
磷酸三钠	0.8	活性B.R	38.2
硼酸	0.8	去离子水、香精、色素	加至100

制备方法：将三聚磷酸钠、磷酸三钠、硼酸、乙二胺四乙酸加入去离子水中，搅拌至溶解，再加入乙醇、乙酸乙酯和活性B.R，混合至均匀，最后加入香精和色素，即成。

性质与用途：本产品直接对准油烟污垢喷雾，使其润湿，然后用软毛刷轻刷，或用海绵擦拭，再用干净布擦抹，即光亮如新。注意不要用水冲洗，以免表面生锈。

配方51　手机清洗剂

组　　分	配比（质量份）	组　　分	配比（质量份）
壬基酚聚氧乙烯醚	3.5	烷基二甲基苄基氯化铵	1.4
烷基苯磺酸钠	2.1	丙丁烷	8.9
除臭煤油	6.7	去离子水、香精	加至100
聚二甲基硅氧烷	2.5		

制备方法：将壬基酚聚氧乙烯醚、烷基苯磺酸钠和烷基二甲基苄基氯化铵溶于去离子水中，搅拌至完全溶解，再加入除臭煤油、丙丁烷和聚二甲基硅氧烷，搅拌至乳化均匀，最后加入香精，灌入气雾剂包装中，即成。

性质与用途：本产品环保、无腐蚀，对人体无害，可用于手机、平板电脑、笔记本电脑等日用电子设备的擦洗。

配方52　液晶显示器清洗剂

组　　分	配比（质量份）	组　　分	配比（质量份）
丁基聚氧乙烯（3）醚	20	四甲基氢氧化胺	10
$C_{12} \sim C_{14}$仲醇聚氧乙烯（15）醚	30	水	40

制备方法：将各组分依次加入水中，混合至均匀即成。

性质与用途：本产品用于液晶显示器上灰尘、水渍和油渍的擦洗，清洁效果极佳，可避免反复摩擦，不损伤液晶表面。

配方 53　液晶电视清洗剂

组　　分	配比(质量份)	组　　分	配比(质量份)
十二烷基苯磺酸钠	5	渗透剂 OT	5
壬基酚聚氧乙烯(15)醚	5	辛烷	2
壬基酚聚氧乙烯(8)醚	5	去离子水	78

制备方法：将各组分依次加入水中，混合至均匀即成。

性质与用途：本产品用于液晶电视的清洗，去污力强，不损伤液晶屏幕，且能够形成一层晶亮透明的保护膜。

配方 54　古画清洗剂

A组分	配比(质量份)	B组分	配比(质量份)
过氧化氢	3.5	羧甲基纤维素钠	18
烷基酚聚氧乙烯醚	7.0	硫酸铵	52
水	89.5	二氧化硅	30

制备方法：分别将 A、B 各组分混合至均匀即成。

性质与用途：本产品适用于清洗布底字画。用于清洗霉、雨垢、尘垢时，取 A 和 B 质量比1∶1的混合液；用于清洗虫粪等污垢时，取 A 和 B 质量比为1∶5的混合液进行清洗。

配方 55　印刷品清洗剂

组　　分	配比(质量份)	组　　分	配比(质量份)
烷基醇聚氧乙烯醚	1.4	乙二醇	5.4
氨水(25%)	13.4	水	加至100
百里酚异丙醇溶液(1%)	0.9		

制备方法：将各组分溶于水中，混合至均匀即成。

性质与用途：本产品适用于清洗印刷品，清洗效果好，且对油墨和颜料无损害。

配方 56　陶釉制品清洗剂

组　　分	配比(质量份)	组　　分	配比(质量份)
琥珀酸酯磺酸钠	5.5	乙醇	27.3
磷酸尿素配合物	18.2	水、香料、色素	加至100
乙二胺四乙酸	6.4		

制备方法：将琥珀酸酯磺酸钠、磷酸尿素配合物和乙二胺四乙酸溶于水中，搅拌至溶解，将色素、香料溶于乙醇，并与水混合，即成。

性质与用途：本产品专门用于陶釉制品表面的去污清洗，对釉膜无损害，可以擦洗或喷洗，必要时用水稀释。

配方 57　珠宝首饰用清洗剂

组　　分	配比(质量份)	组　　分	配比(质量份)
油酸	1.54	氨水(28%)	0.60
丙酮	2.96	水	94.90

制备方法：将油酸与一半水混合溶解，将氨水与另一半水混合，将两种溶液混合至均匀，最后加入丙酮，混合至均匀即成。

性质与用途：本产品可用于各类宝石和金属首饰的清洗，可恢复首饰表面光泽，配合超声清洗设备效果更佳。

配方 58　宝石瓷器清洗剂

组　　分	配比(质量份)	组　　分	配比(质量份)
壬基酚聚氧乙烯(10)醚	5	乙二醇丁醚	10
脂肪醇聚氧乙烯(9)醚	5	乙醇	60
三氯乙烯	20		

制备方法：将各组分依次加入水中，混合至均匀即成。

性质与用途：本产品用于宝石或瓷器的浸泡清洗，去污力强，易漂洗。

配方 59　艺术品清洗剂

组　　分	配比(质量份)	组　　分	配比(质量份)
碳酸二甲酯	40	乙醇	40
乙二醇丁醚	20		

制备方法：将各组分依次加入水中，混合至均匀即成。

性质与用途：本产品用于艺术品的浸泡清洗或擦洗，免漂洗。

配方 60　不锈钢饰品清洗剂

组　　分	配比(质量份)	组　　分	配比(质量份)
N-甲基-2-吡咯烷酮	70	水	15
琥珀酸二乙酯	15		

制备方法：将各组分依次加入水中，混合至均匀即成。

性质与用途：本产品用于不锈钢饰品的清洗，能够恢复不锈钢饰品表面的光泽。

配方 61　珠宝清洗剂

组　　分	配比(质量份)	组　　分	配比(质量份)
己二醇	2.5	水	72.5
尼纳尔	25		

制备方法：将各组分依次加入水中，混合至均匀即成。

性质与用途：本产品用于珠宝饰品的清洗，能够恢复饰品的光泽，还具有一定杀菌效果。

配方 62　银器清洗剂

组　　分	配比(质量份)	组　　分	配比(质量份)
二硫代硫酸钠	25	碳酸钠	20
碳酸氢钠	55		

制备方法：将各组分混合至均匀即成。

性质与用途：本产品可配成水溶液用于银器的清洗，毒性低、无磨蚀、易漂洗。

10.5 管道设施用清洗剂

排水管中经常会有纤维、毛发、食物残渣等废物的堆积，时间久了还会因微生物的繁殖而造成黏着物嵌段化，致使排水管道的堵塞。常见的排水管清洗剂主要由次氯酸钠或过碳酸钠，与碱、表面活性剂、溶剂和酶等组成。其中次氯酸钠清除污物效果好，但腐蚀性较强易烧伤皮肤，还可能产生有臭味的氯气；过碳酸钠相对安全且无臭，但清除效力较差，只能用于轻微堵塞的排水管道，对于严重堵塞的管道难以保证清洗效果。最新发现，次氯酸钠配合无机溴化物，或使用亚溴酸钠，具有更强的清洗效果，且不会烧伤皮肤。

配方 63　管道除臭清洗剂

组　　分	配比(质量份)	组　　分	配比(质量份)
氢氧化钠	10	铝粒	适量
次氯酸钠溶液(含 13%活性氯)	35	水	加至 100
硝酸钠	5		

制备方法：将氢氧化钠和硝酸钠溶于水中，加入次氯酸钠溶液混合均匀，最后加入铝粒混合即成。本剂可用于清洗排水管。

性质与用途：本产品显碱性，对金属管道腐蚀性小，用于管道内各类油脂污垢的清洗。

配方 64　管道除油除锈清洗剂

组　　分	配比(质量份)	组　　分	配比(质量份)
氢氧化钠	5	碳酸钠	2
次氯酸钠	3	辛基酚聚氧乙烯醚(TX-10)	1
十二烷基苯磺酸盐	1	水	加至 100

制备方法：将十二烷基苯磺酸盐、辛基酚聚氧乙烯醚依次加入水中，混合至溶解，再加入氢氧化钠、碳酸钠、次氯酸钠，混合至溶解即成。

性质与用途：本产品适用于清洗排水管内的油脂、积锈等污垢。

配方 65　管道防腐蚀清洗剂

组　　分	配比(质量份)	组　　分	配比(质量份)
氢氧化钠	12	N-甲基-2-吡咯烷酮	1
烷基磷酸酯	5	水	加至 100

制备方法：将烷基磷酸钠溶于水中，加入氢氧化钠，搅拌至透明，然后加入 N-甲基-2-吡咯烷酮，混合至均匀即成。

性质与用途：本产品用于清洗排水管，可以清除各类油脂污垢，同时能够抑制管道的腐蚀。

配方 66　泡花碱管道疏通剂

组　分	配比(质量份)	组　分	配比(质量份)
过碳酸钠	1～15	硫酸铜	0.01～1
硅酸钠	85～99		

制备方法：将各组分混合搅拌均匀，制成粉末状物，即成。

性质与用途：本产品可有效地疏通排水管道。

配方 67　家用管道疏通剂

组　分	配比(质量份)	组　分	配比(质量份)
氢氧化钠	50	氯化钾	5
氯化钠	15	植物油	3
过碳酸钠	5	石蜡油	2
过碳酸钾	5	二辛酯磺酸钠	适量
金属铝粒	15		

制备方法：将各组分混合均匀即成。

性质与用途：将本产品倒入管道堵塞处，再加入少量水，作用 30～40min 后，管道开始疏通，用水冲洗即完成疏通工作。可用于疏通厕所、浴室、厨房等的下水管和排水管。

配方 68　除固体油脂用管道疏通剂

组　分	配比(质量份)	组　分	配比(质量份)
亚硫酸氢钠	10	醚-醛馏分	5
碳酸钠	30	水	55

制备方法：将亚硫酸氢钠和碳酸钠溶于水中，再加入醚-醛馏分，混合至均匀即成。

性质与用途：本产品对冷却固化的油脂有很好的溶解、分解作用，特别适用于清洗疏通冬天因温度低造成的油脂固化而阻塞的污水管道，无须加热清洗处。但本剂对因固体杂质而导致的排水管道阻塞，不具有疏通作用。

配方 69　高效无臭管道疏通剂

组　分	配比(质量份)	组　分	配比(质量份)
漂白粉(有效氯71%)	39.3	溴化钠	40.6
偏硅酸钠	20.1		

制备方法：将各组分混合搅拌均匀，制成粉末状物，即成。

性质与用途：78.8g 本产品可以使 1kg 污物溶解并清除，具有极佳的疏通排水管效果。

配方 70　除淀粉、纤维用管道疏通剂

组　分	配比(质量份)	组　分	配比(质量份)
三水合亚溴酸钠	3.39	氢氧化钠	20

制备方法：将各组分混合搅拌均匀，制成粉末状物，即成。

性质与用途：将本产品 23.39g 溶于 1kg 水中，所得溶液 pH 值大于 10，且无臭，能够有效地分解淀粉、棉纤维和羊毛等难溶性阻塞物，疏通管道。

配方71　除毛发用管道疏通剂

组　　分	配比(质量份)	组　　分	配比(质量份)
巯基乙酸钠	5	木瓜酶	1
月桂醇硫酸钠	5	水	79
碳酸钠	10		

制备方法：将巯基乙酸钠、月桂醇硫酸钠、碳酸钠依次加入水中，混合至溶解，再加入木瓜酶，混合至均匀即成。

性质与用途：本产品是针对含毛发积垢堵塞下水道而专门使用的清洗剂。使用时，清洗剂 pH 值为 11.5，浸泡 8h，可将毛发变性，用水冲洗除去。

配方72　含脂肪酶除油用管道疏通剂

组　　分	配比(质量份)	组　　分	配比(质量份)
脂肪酶	0.012	酒石酸氢钾(起泡剂)	23.5
碳酸氢钠(膨润剂)	48	碳酸钠(pH 值调节剂)	4
酒石酸(起泡剂)	23.5	N-戊基氨基酸(酶活性保持剂)	1

制备方法：将各组分混合搅拌均匀，制成粉末状物，即成。

性质与用途：将本产品倒入需要疏通的下水道中，由于膨润剂的分散作用，起泡剂与水反应的搅动作用，以及脂肪酶的分解作用，使管道中的脂肪堵塞物迅速瓦解，使管道得到疏通和清洗。清洗完的废液呈弱碱性，可以安全排放。

10.6　卫生间用清洗剂

盥洗室、浴室以及卫生间的设备包括墙面和地面的瓷砖或马赛克、洗手池、浴盆、龙头、热水器、水箱、便池、马桶等，涉及的材质主要是陶瓷和搪瓷，还包括不锈钢、聚乙烯、热塑性塑料等。除一般性污垢（如灰尘、油脂等），卫生用清洗剂主要针对的特殊污垢有：水中的钙和铁锈沉积物、金属腐蚀物、肥皂、毛发和纤维，以及因长期潮湿可能产生的霉斑等。

为了除去水沉积物，常使用酸性清洗剂。虽然瓷砖一般是耐化学腐蚀的，但砖缝结合处的水泥浆对酸敏感，因而酸性清洗剂常需尽量稀释，且与砖接触的时间要尽量短，事后用水充分冲洗。清洗地砖时，常使用含磷酸的表面活性剂溶液。

搪瓷材料设备的清洗，常使用中性或弱碱性清洗剂。因为搪瓷对酸敏感，即使是弱酸性溶液也可能会造成搪瓷材料的损伤。为了去除搪瓷浴盆等上黏附的肥皂、钙皂和脂沉淀物，清洗剂常是含有表面活性剂、络合剂、溶剂、香料和抗菌添加剂的组合物。

由天然绿陶土、聚电解质分散剂、松油、硅酸铝、表面活性剂等复配的液体清洗剂，与抛射剂按一定比例装入气雾罐，得到的气雾型清洗剂，可具有良好的去污、去霉作用，优异的垂直黏着性，便于瓷砖等的表面擦拭，洗后光亮，无条纹，不留痕迹。

配方 73　浴室用浴盆擦洗剂

组　　分	配比(质量份)	组　　分	配比(质量份)
十二烷基苯磺酸钠	5	月桂酸钠	0.7
脂肪醇聚氧乙烯醚	5	纯化水	84.3
柠檬酸	5		

制备方法：将十二烷基磺酸钠和脂肪醇聚氧乙烯醚溶于纯化水中，搅拌至溶解后，加入柠檬酸和月桂酸钠，混合至均匀即成。

性质与用途：本产品成弱酸性，适用于清洗浴盆，使用时用蘸清洗剂的海绵擦洗浴盆，可获得良好的去污效果，洗后无滑腻感。

配方 74　浴室用搪瓷浴盆清洗剂

组　　分	配比(质量份)	组　　分	配比(质量份)
十二烷基苯磺酸钠	1	戊二酸	1.67
十二烷基硫酸钠	3	己二酸	1.67
烷基醇聚氧乙烯醚	3	次氨基三亚甲基膦酸	0.03
硫酸镁(七水合物)	1.35	磷酸	0.2
丁二酸	1.67	精制水、香精、色料	加至100

制备方法：将十二烷基苯磺酸钠、十二烷基硫酸钠、烷基醇聚氧乙烯醚加入精制水中，搅拌至溶解后，加入其他组分，混合至均匀即成。必要时，需要用氢氧化钠调节 pH 值至 3.0。

性质与用途：本产品能清洗搪瓷浴盆上的浮垢、钙皂、油污等，对表面无损伤。

配方 75　浴室用瓷砖清洗剂

组　　分	配比(质量份)	组　　分	配比(质量份)
月桂醇聚氧乙烯(10)醚	5	乙醇	3
马来酸	5	乙二醇	1
聚丙二醇	20	精制水	65.9
油酸钾	0.1		

制备方法：将月桂醇聚氧乙烯（10）醚加入水中，搅拌至溶解后，加入其他组分，混合至均匀即成。

性质与用途：本产品用于清洗浴盆和瓷砖，洗后无滑腻感。

配方 76　浴室用地面防滑清洗剂

组　分	配比(质量份)	组　分	配比(质量份)
壬基酚聚氧乙烯(9.5)醚	1	柠檬酸	12
磷酸(85%)	2	二甲苯磺酸溶液(40%)	4.8
磷酸二氢钠	20	氯化钠	4
三聚磷酸钠	0.5	水	55.2
酸性焦磷酸钠	0.5		

制备方法：将磷酸和柠檬酸加入水中，混合至均匀，再加入磷酸二氢钠、三聚磷酸钠、酸性焦磷酸钠和氯化钠加入水中，搅拌至溶解，最后加入壬基酚聚氧乙烯（9.5）醚和二甲苯磺酸，混合至均匀即成。

性质与用途：本产品用于浴室和卫生间瓷砖地面的清洗，可提高打滑地面的静摩擦系数，不损伤瓷砖，洗后能改善其外观。

配方 77　日常淋浴器具清洗剂

组　分	配比(质量份)	组　分	配比(质量份)
癸基氧化铵	1.5	水、香精、染料	加至100
乙二胺四乙酸四钠	1		

制备方法：将各组分加入水中，混合至均匀即成。

性质与用途：本产品原液使用，可以喷洒至淋浴瓷砖、浴盆以及盥洗室、卫生间等的硬表面，可以防止皂垢的形成。

配方 78　增稠酸性清洗剂

组　分	配比(质量份)	组　分	配比(质量份)
盐酸(37%)	20	水	77
牛脂胺氧乙烯(2)醚	3		

制备方法：将盐酸缓慢加入搅拌的水中，再加入牛脂胺氧乙烯醚，混合至均匀即成。

性质与用途：本产品原液使用，也可装入喷瓶喷射，液体黏稠可附于垂直表面。

配方 79　增稠混合酸性清洗剂

组　分	配比(质量份)	组　分	配比(质量份)
氨基磺酸	5	二甲苯磺酸钠(40%)	0.7
羟基乙酸	5	去离子水	84.3
牛脂基二羟乙基甜菜碱	5		

制备方法：将氨基磺酸和羟基乙酸加入搅拌下的去离子水中，溶解后加入牛脂基二羟乙基甜菜碱，混合至均匀，最后加入二甲苯磺酸钠以增加黏度，即成。本产品原液使用。

性质与用途：本产品可用于卫生间和浴室中的各类表面的清洗，可以高效除去水渍、锈渍及其他污垢。

配方 80　马桶清洗剂

组　分	配比(质量份)	组　分	配比(质量份)
辛醇醚-9-羧酸和己醇醚-4-羧酸混合物	2	黄原胶	0.4
L-乳酸	6	水、香精、染料	加至 100
甲酸	0.5～1		

制备方法：将各组分依次加入水中，混合至均匀即成。

性质与用途：本产品用甲酸和乳酸复配使用提高去垢效率，对淋浴器相对温和，是一种"绿色"的清洗剂。

配方 81　抽水马桶清洗剂

组　分	配比(质量份)	组　分	配比(质量份)
松油	0.5	二氧化硅	10
2,6,8-三甲基-4-壬醇聚氧乙烯(8)醚	0.5	硫酸氢钠	79
硫酸钠	10		

制备方法：将松油与 2,6,8-三甲基-4-壬醇聚氧乙烯（8）醚混合在一起，再将混合物喷于硫酸氢钠上，最后加入硫酸钠和二氧化硅，混合至呈自由流动的粉末即成。

性质与用途：本产品用于抽水马桶的刷洗，具有高效去污效果，可减少刷子在瓷面上的摩擦，对瓷面有一定保护作用。

配方 82　酸性马桶清洗剂

组　分	配比(质量份)	组　分	配比(质量份)
盐酸(37%)	26.7	二羟乙基磷酸乙基咪唑啉钠盐	1.8
烷基甜菜碱	5	水	66.5

制备方法：将盐酸缓缓加入水中，再加入烷基甜菜碱，最后加入二羟乙基磷酸乙基咪唑啉钠盐，混合至均匀即成。

性质与用途：本产品不但能有效增稠，还提供缓蚀作用，能在马桶表面形成一层均匀的膜。

配方 83　卫生间除臭清洗剂

组　分	配比(质量份)	组　分	配比(质量份)
香茅油	3	异丙醇	4
D-苎烯	3	乙二醇单酚醚	0.75
十五烷基二甲基苄基氯化铵	20	水	加至 100

制备方法：将香茅油和 D-苎烯溶于乙二醇单酚醚中，得油相；将十五烷基二甲基苄基氯化铵和异丙醇溶于水中，得水相；最后将油相加入水相中，充分混合至透明即成。

性质与用途：本产品中含有香茅油和 D-苎烯，是安全有效的除臭成分。

10.7　消毒清洗剂

目前，家庭和公共场所消毒得到了广泛的认识和重视。这类产品在正常的清洗剂基础上，选择合适的消毒、除霉剂，可使产品具有杀菌、清洗两种功能。在阴暗潮湿的区域容易长霉，在人员流动性大的区域，细菌传染的可能性大，常需要在这些区域对地面、空气、器材等进行消毒性清洗。

含氯消毒清洗剂，是目前主要的消毒清洗剂品种。含氯化合物主要有次氯酸钠、次氯酸钙、氯化磷酸三钠、二氯异氰尿酸及其盐等，配合阴离子表面活性剂，达到消毒和清洗双重效果，配制时可以加入氯稳定剂。

过氧化物消毒剂，是含有过氧化氢或过氧乙酸的消毒剂，可用于空气、一般表面或皮肤伤口的消毒。

季铵盐型消毒清洗剂，由季铵盐类阳离子表面活性剂与其他表面活性剂复配而成。其中季铵盐类阳离子表面活性剂直接具有杀菌活性，主要有洁尔灭1227、新洁尔灭、1631等。

碘消毒杀菌剂，是由碘与非离子表面活性剂结合复配而成，例如碘伏。碘载于表面活性剂所形成的胶粒束中央，在水中可逐渐解聚释放出游离碘，从而产生持久的杀菌作用。

将有机溶剂（磷酸三丁酯）与非离子表面活性剂联合应用，具有良好的杀菌、灭活病毒的作用，而且不破坏蛋白质，使用安全性较好。

配方84　消毒洗手剂

组　分	配比(质量份)	组　分	配比(质量份)
十二烷基二甲基苄基氯化铵	0.5～4	尼泊金甲酯	适量
十二烷基二甲基氧化胺	15～36	柠檬酸	0.1～0.5
脂肪醇聚氧乙烯(7)醚	3～6	甘油	1～4
酰化油(AL-1)	0.6～2.2	纯化水、香精、色素	加至100
羟乙基纤维素	0.4～1.1		

制备方法：将羟乙基纤维素加入60～80℃的纯化水中，搅拌至溶解，再加入十二烷基二甲基苄基氯化铵、十二烷基二甲基氧化胺和脂肪醇聚氧乙烯（7）醚，搅拌至溶解后得水相；将甘油、酰化油和尼泊金甲酯，混合均匀并加热至70～80℃得油相；将油相缓慢加入搅拌的水相中，充分进行乳化。降至30～40℃时，加入柠檬酸、香精和色素，充分混合至均匀，得黏稠液体，即成。

性质与用途：用本产品洗手可以有效去除手部皮肤和指甲缝里的金黄色葡萄球菌和大肠杆菌。

配方85 医用消毒清洗剂

组　分	配比(质量份)	组　分	配比(质量份)
月桂基二甲基氧化胺(30%)	35	羟乙基纤维素	0.5
硬脂基二甲基氧化胺	9	乙酰化羊毛脂	0.5
烷基苄基二甲基氯化铵(50%)	0.5	水	54.5

制备方法：将各组分溶于水中，混合至均匀即成。

性质与用途：本产品既能杀菌消毒，且对皮肤没有刺激性，尤其适用于医用消毒清洗机。本剂对皮肤还有柔和的润滑作用。

配方86 霉垢清洗剂

组　分	配比(质量份)	组　分	配比(质量份)
次氯酸钠(15%)	4	α-膦酸丁烷-1,2,4-三羧酸钠	1
氢氧化钠	1	水	加至100
月桂基二甲基氧化胺	1		

制备方法：将氢氧化钠溶于水中，再加入月桂基二甲基氧化胺，搅拌至溶解，再依次加入次氯酸钠及α-膦酸丁烷-1,2,4-三羧酸钠，混合至均匀即成。

性质与用途：本产品能有效除去陶瓷、玻璃表面上的霉垢及霉垢表面的脂肪酸金属盐、皮脂、尘土等。

配方87 霉斑清洁胶

组　分	配比(质量份)	组　分	配比(质量份)
天然绿土触变胶	2.5	次氯酸钠(15%)	50
碳酸钠	4.5	水、香精、染料	43

制备方法：将各组分加入水中，混合至均匀即成。

性质与用途：本产品有良好的垂直表面抗滑性和稳定性，可用于清除垂直表面上的霉斑。

配方88 含氯消毒清洗剂

组　分	配比(质量份)	组　分	配比(质量份)
脂肪酸聚氧乙烯醚	2	硅酸钠	28
二氯异氰尿酸钾	1	碳酸钠	48
三聚磷酸钠	16	硫酸钠	加至100

制备方法：将各组分混合至呈流动性粉末即成。

性质与用途：本产品配制成1%～5%的溶液喷洒使用，可用于公共空间的墙面和地板消毒。

配方89 过氧化物除霉清洗剂

组　分	配比(质量份)	组　分	配比(质量份)
过氧化氢(35%)	72	乙二胺四甲叉膦酸	2
乙酸	12	十二烷基磺酸钠	1
硫酸	1	水	12

制备方法：将过氧化氢、乙酸和硫酸充分混合得混合液，再将乙二胺四甲叉膦酸和十二烷基磺酸钠溶于水中，并加入前述混合液中，室温下搅拌 24h，即成。

性质与用途：本产品中含过氧化氢 25%～30%，含过氧乙酸 4%～7%，体系呈酸性，具有良好的除酶除垢效果。

配方 90　除霉复配物清洗剂

组　分	配比(质量份)	组　分	配比(质量份)
过硫酸氢钾	20	氢氧化钠	2
氯化镁	0.5	水	加至 100

制备方法：将各组分溶于水中，混合至均匀即成。

性质与用途：本产品 pH 值为 8.0，用于浴室除霉率可达 78.0%。

配方 91　季铵盐型消毒清洗剂

组　分	配比(质量份)	组　分	配比(质量份)
二癸基二甲基氯化铵	10	水	80
椰油烷基苄基二甲基氯化铵	10		

制备方法：将各组分依次加入水中，混合至均匀即成。

性质与用途：本产品对洋葱假单胞菌、大肠杆菌、芽孢杆菌、发面酵母和白色念珠菌都有很好的抑制作用。

配方 92　松油消毒清洗剂

组　分	配比(质量份)	组　分	配比(质量份)
松油	65	碳酸钠	2.4
妥尔油脂肪酸	17.7	水	加至 100
壬基酚聚氧乙烯(10)醚	6.25		

制备方法：将妥尔油脂肪酸溶于松油中，得油相；将壬基酚聚氧乙烯（10）醚和碳酸钠加入水中，搅拌至溶解，得水相；在充分搅拌下，将油相加入水相中，混合至均匀即成。

性质与用途：本产品不但对脂类污垢具有极好的清洗效果，且对金黄色葡萄球菌、大肠杆菌和绿脓杆菌等繁殖体细菌有较强的杀灭效果，可用于日常家庭的消毒、除臭和清洁环境使用。

配方 93　一氯化碘消毒清洗剂

组　分	配比(质量份)	组　分	配比(质量份)
氯化钠	13.6	氯气	8.6
碘	32.3	去离子水	45.5

制备方法：将氯化钠溶于去离子水中，搅拌至溶解，再加入碘，快速搅拌使悬浮，加热至 30℃，并在此温度下通入氯气，通完后继续反应 30min，过滤除去剩余碘，得赤褐色的一氯化碘溶液。

性质与用途：本产品中一氯化碘含量 40.2%，使用时，用 10.3% 的氯化钠溶液稀释 15 倍（体积），即得杀菌力强、稳定性好、适用范围广的消毒清洗剂。

参 考 文 献

[1] 易建华，朱振宝，李仲谨．精选实用化工产品300例：原料、配方、工艺及设备 [M]．北京：化学工业出版社，2007.

[2] 陈旭俊．工业清洗剂及清洗技术 [M]．北京：化学工业出版社，2002.

[3] 窦照英．工业清洗及实例精选 [M]．北京：化学工业出版社，2012.

[4] 顾大明，刘辉，刘丽丽．工业清洗剂：示例·配方·制备方法 [M]．北京：化学工业出版社，2011.

[5] 黄玉媛．清洗剂配方 [M]．北京：中国纺织出版社，2008.

[6] 李东光．工业清洗剂配方与制备 [M]．北京：中国纺织出版社，2009.

[7] 李东光．实用工业清洗剂配方手册 [M]．北京：化学工业出版社，2010.

[8] 李仲秀．建筑清洗保洁实用技术手册 [M]．北京：中国建材工业出版社，2013.

[9] 乔建芬．织物清洗技术 [M]．上海：东华大学出版社，2011.

[10] 王恒．金属清洗与防锈 [M]．北京：化学工业出版社，2013.

[11] 徐宝财，韩富，周雅文．工业清洗剂配方与工艺 [M]．北京：水利电力出版社，2008.

[12] 张淑谦．化工产品手册：清洗化学品 [M]．北京：化学工业出版社，2016.

[13] 张永发．锅炉化学清洗 [M]．北京：水利电力出版社，1989.

[14] 张凤英，于文．工业清洗剂现状及发展趋势 [C]．中国洗涤用品行业年会．2006.

[15] 郭彤梅．中国工业清洗剂市场现状 [J]．清洗世界，2006，22（2）：17-21.

[16] 肖潇．工业清洗剂的研究现状与发展趋势 [J]．清洗世界，2011，27（7）：22-27.

[17] 徐庆，卢佳銮，潘经州，等．"绿色"环保工业清洗剂现状及发展 [J]．清洗世界，2011，27（10）：34-37.

[18] Cooper D，周青．从霍尼韦尔国内第一订单看工业清洗剂发展新趋势 [J]．精细与专用化学品，2015，23（7）：4-6.

[19] 余存烨．工业清洗剂的选用及除污机理 [J]．清洗世界，2008，24（1）：28-34.

[20] 那春龙，彭慧，张震．清洗剂选型与分析 [J]．时代农机，2016，43（5）：75.

[21] 任艳群，许桂顺，梁荣波，等．中性清洗剂研发及应用 [J]．清洗世界，2012，28（5）：19-23.

[22] 李向阳，杨玉喜．国内非离子表面活性剂现状及发展前景 [J]．日用化学品科学，2014，37（2）：1-5.

[23] 张威．工业及公共设施清洗剂中的高效消泡剂 [J]．日用化学品科学，2012，35（11）：8.

[24] 丁振军，方银军，高慧，等．阴离子/非离子表面活性剂协同效应研究 [J]．日用化学工业，2007，37（3）：145-148.

[25] 苏岩，姬学亮，曹明．复配型无磷金属清洗剂的性能研究 [J]．材料保护，2008，41（5）：49-51.

[26] 霍月青，牛金平．表面活性剂在金属清洗中的应用及研究进展 [J]．中国洗涤用品工业，2016（7）：42-47.

[27] 张腾，徐宝财，周雅文，等．特种表面活性剂和功能性表面活性剂（Ⅶ）——生物表面活性剂的性能及应用研究进展 [J]．日用化学工业，2010，40（1）：60-63.

[28] 周雅文，刘静伟，赵莉，等．表面活性剂的性能与应用（Ⅸ）——表面活性剂的增溶作用及其应用 [J]．日用化学工业，2014，44（9）：312-316.

[29] 王楠，张桂菊，赵莉，等．表面活性剂的性能与应用（Ⅻ）——表面活性剂的分散作用及其应用

[J]．日用化学工业，2014，44（12）：666-670.

[30] 郝姗姗，赵莉，徐宝财．表面活性剂的性能与应用（ⅩⅨ）——表面活性剂在工业及公共设施清洗
剂中的应用 [J]．日用化学工业，2015，45（7）：367-370.

[31] 周雅文，刘静伟，赵莉，等．表面活性剂的性能与应用（Ⅸ）——表面活性剂的增溶作用及其应用
[J]．日用化学工业，2014，44（9）：312-316.

[32] 李波，满瑞林，秘雪，等．水基型清洗剂的研究现状及发展趋势 [J]．清洗世界，2017，33（6）：
30-38.

[33] 强鹏涛，于文．水基金属清洗剂的技术研究进展 [J]．中国洗涤用品工业，2016（3）：44-49.

[34] 武丽丽．金属清洗剂概述 [J]．中国洗涤用品工业，2015（5）：36-39.

[35] 李梅，葛朗．橘子油清洗剂的研制及性能研究 [J]．日用化学工业，2011，41（6）：419-421.

[36] 张凌芳，贾继欣．环保型金属加工水基清洗剂的开发及性能研究 [J]．润滑与密封，2012，37
（4）：91-94.

[37] 王青宁，卢勇，张飞龙，等．环保型工业水基金属清洗剂的研制与应用 [J]．兰州理工大学学报，
2010，36（4）：72-75.

[38] 马传国，蒋顺英，张晶，等．大豆油甲酯制备清洗剂的研究 [J]．中国油脂，2008，33（4）：
28-31.

[39] 张圣麟．常温除油清洗剂的制备与应用 [J]．材料保护，2003，36（10）：52-53.

[40] 杨杰，李程碑．一种水性含氟防锈精密金属清洗剂的研制 [J]．中国洗涤用品工业，2014（3）：
54-57.

[41] 罗胜铁，沈丽，魏利滨，等．一种环境友好型水基多功能油污清洗剂的研制 [J]．清洗世界，
2009，25（3）：11-16.

[42] 唐少钢，易晓斌，刘平，等．一种高性能除蜡清洗剂的研制 [J]．清洗世界，2015，31（10）：
11-14.

[43] 杨逢春，杜金成．尿素难溶垢专用清洗剂的研制及应用 [C]．全国尿素厂技术交流年会．2013.

[44] 张静，张方方，张福捐．难溶铁垢清洗技术 [J]．化学工程师，2008，22（6）：31-33.

[45] 林焕，陆阳，曹明明．水基型沥青清洗剂的研究 [J]．公路工程，2013，38（5）：115-118.

[46] 陈执祥．水基型蜡模清洗剂研究进展 [C]．中国铸造协会精密铸造分会年会．2011.

[47] 高延敏，李照磊，张天财，等．铝表面新型水基清洗剂的研究 [J]．江苏科技大学学报（自然科学
版），2009，23（2）：121-124.

[48] 张敏，吴晋英，孙彩霞，等．一种新型不锈钢清洗剂的开发与应用 [J]．清洗世界，2013，
29（2）．

[49] 黄梨华，张纾松．乙酸清洗剂对不锈钢酒罐表面腐蚀性分析 [J]．食品与机械，2011，27（4）：
117-118.

[50] 张洪利．一种复合型积炭清洗剂的研制 [J]．应用化工，2011，40（4）：735-736.

[51] 任奕，王冬，王仲广，等．无机垢清洗剂的研究与开发 [J]．石油化工应用，2015，34（4）：
117-122.

[52] 金叶玲，周勤，王召祥．煤焦油清洗剂的研制 [J]．科技创业月刊，1997（11）：22-24.

[53] 刘汝锋，陈亿新，尚小琴，等．农机高效低泡水基清洗剂的研制与性能研究 [J]．安徽农业科学，
2012（19）：9990-9991.

[54] 李高峰，张惠文．低泡防锈型水基金属清洗剂的研究与开发 [J]．电镀与涂饰，2015（9）：
496-501.

[55] 杨骏．高效环保型普碳钢清洗剂的研究和制备［J］．电动自行车，2011（12）：24-28.

[56] 古蒙蒙，涂文辉，桂绍庸，等．环保型高效稠油垢弱酸性水基清洗剂的研制［J］．化工进展，2014，33（6）：1563-1566.

[57] 左理胜，曾蔚然，杨次雄．环保型中性清洗剂在锅炉清洗中的应用［C］．湖南省石油学会学术年会．2012.

[58] 李思，杨丽历，盖恒军，等．煤化工废水设备沉积物清洗剂的研制［J］．煤化工，2014，42（6）：39-42.

[59] 王文，蔡卫权，李玉军，等．高效路面油污清洗剂的研制［J］．化工进展，2013，32（3）：674-677.

[60] 付钰洁，徐溢，熊开生．废旧压敏胶粘标签清洗剂的研究［J］．安全与环境学报，2003，3（1）：47-49.

[61] 吴耀祖，黄炳荣，景宗梁．第3代脱模剂和清洗剂及其应用［J］．铸造技术，2011，32（12）：1709-1711.

[62] 徐怀志，沈莹，刘磊，等．大型油罐清洗剂开发及应用研究［C］．中国环境科学学会年会．2015.

[63] 陈珍珍，王亚，胡磊，等．环保型水泥清洗剂研制［J］．中国洗涤用品工业，2016（3）：40-43.

[64] 朱银肖．HQ型沥青清洗剂清洗性能试验研究［J］．湖南交通科技，2016，42（2）：247-250.

[65] 王琏，许君．水基清洗剂——电子产品清洗变革［C］．2009中国高端SMT学术会议．2009.

[66] 陈颖，钱慧娟，李金莲，等．非ODS有机溶剂清洗剂的研究现状与展望［J］．化学试剂，2006，28（7）：397-402.

[67] 刘子莲，吴松平，罗道军．电子工艺用清洗剂的现状及发展趋势［J］．电子工艺技术，2010，31（5）：258-260.

[68] 黄燕．电气设备清洗剂的研制［J］．化工技术与开发，2010，39（11）：23-25.

[69] 谭文轶，刘玉峰．电力设备带电化学清洗剂的性能研究［J］．浙江电力，2008，27（6）.

[70] 龙湘南，胡文斌，胡兵安，等．一种环保型血清分离胶用有机硅清洗剂的研制［J］．仲恺农业工程学院学报，2015，28（3）：31-35.

[71] 王议，颜杰，史晶彬，等．溶剂型四氯乙烯清洗剂的配方研究［J］．化工技术与开发，2014（1）：13-15.

[72] 薛小晶．浅析电力设备的带电化学清洗技术研究［J］．读与写：教育教学刊，2016（8）.

[73] 冯磊．新型印制线路板清洗剂［J］．中国科技纵横，2010（22）：1.

[74] 王冰，颜杰，唐楷，等．液晶显示器清洗剂配方开发［J］．化工技术与开发，2014（7）：22-24.

[75] 张会明．高分子分离膜清洗剂的开发［J］．四川省水文、工程、环境地质学术交流会，2012.

[76] 方志华，荆秀昆，陶琴．除霉清洗剂对录像带视频——特性参数的影响研究［J］．档案学研究，2006（6）：49-52.

[77] 任明丹，李涛，任保增．印刷油墨清洗剂的技术现状及发展趋势［J］．河南化工，2014，31（2）：21-23.

[78] 马和平，金燕子，张晓娜．一种性能优越的微乳型油墨清洗剂的研制［J］．广东化工，2013，40（5）：49.

[79] 覃小焕，闫小武，王丽莉，等．微乳液型油墨清洗剂的研制［J］．应用化工，2012，41（10）：1858-1860.

[80] 曾小君，陈烨，金萍．水基印刷线路板油墨清洗剂的研制［J］．电镀与涂饰，2013，32（3）：

37-40.

[81] 蒋建平，李小玉．利用 *d*-柠檬烯制备 O/W 乳化型油墨清洗剂的研究［J］．应用化工，2008，37（10）：1185-1187.

[82] 关鲁雄，李娟，刘钜铭，等．处理含油废水的超滤膜碱性清洗剂的研究［J］．净水技术，2007，26（1）：58-60.

[83] 陈维，陈志勇，邓金花，等．无磷高效啤酒瓶清洗剂的研制［J］．广东化工，2011，38（6）：32-33.

[84] 赵慧昂，于文．蔬果清洗剂的现状及发展趋势［J］．日用化学品科学，2012，35（11）：5-7.

[85] 王益民，刘艳娟，毛小江．食品机械专用清洗剂的研制［J］．粮油加工，2008（5）：123-124.

[86] 武丽丽．食品工业清洗剂的研究进展［J］．中国洗涤用品工业，2014（7）：40-43.

[87] 王春灵．关于牛乳设备碱性清洗剂的研究［J］．石河子科技，2015（4）：14-16.

[88] 李涛，韦利军，王小龙．飞机新型环保防腐蚀清洗剂的研制［J］．科技创新与应用，2015（20）：37.

[89] 刘平，易晓斌，宋江蓉，等．轨道交通之列车车体清洗剂的研制［J］．清洗世界，2014，30（5）：21-24.

[90] 邱军，吴龙生．汽车三元催化器专用清洗剂的市场现状［J］．汽车维修与保养，2012（9）：74.

[91] 刘晓磊，庞志勇，王欢，等．汽车发动机冷却系统清洗剂概述［J］．石油商技，2017，35（1）：4-8.

[92] 王益民，刘艳娟，罗胜铁．汽车挡风玻璃专用清洗剂的研制［J］．化学工程师，2008，22（1）：55.

[93] 廖松．免拆装汽车刹车系统清洗剂的研制［J］．化学工程师，2008（7）：60-62.

[94] 鲍玮．论清洗剂在汽车制造业中的应用及影响［J］．科技资讯，2012（14）：108.

[95] 张祥金，邓宇强，祁东东，等．过热器专用化学清洗剂的研究［C］．中国电机工程学会电厂化学2011学术年会．2011.

[96] 喻冬秀，皮丕辉，文秀芳，等．常温高效铝翅片清洗剂的研制［J］．精细化工，2003，20（2）：126-128.

[97] 向敏虎．新型酸性还原清洗剂 SH［J］．印染，2009，35（20）：31-32.

[98] 刘晓娟，刘瑞宁，刘建伟．新型还原清洗剂 ECO［J］．印染，2013，39（2）：37-39.

[99] 刘会娟，朱亚伟．还原清洗中助剂对涤纶/氨纶织物沾色性的影响［J］．印染助剂，2010，27（8）：39-42.

[100] 苗勇，朱亚伟．还原清洗中助剂对涤纶/氨纶织物浮色去除的影响［J］．丝绸，2014，51（4）：31-35.

[101] 刘长波，赵杉林，李萍，等．复合型硫化亚铁清洗剂的研究进展［J］．清洗世界，2009，25（12）：28-33.

[102] 赵光明，李斌，李娜．服装纺织品中残留甲醛清洗剂的研究［J］．安全与环境学报，2008，08（5）：63-65.

[103] 王玉雷，陈炳耀，李乐，等．环保气雾型水基泡沫清洗剂的研究［J］．日用化学品科学，2010，33（11）：19-23.

[104] 蒋霞．RapidchemTM744 电解质分析仪清洗剂的研制与应用［J］．临床和实验医学杂志，2009，8（8）：83-84.

[105] 汪俊汉，张艳平，曾祥军．岛津 CL8000 生化分析仪酸碱清洗剂的研制与应用［J］．现代检验医

学杂志，2006，21（1）：35-36.

[106] 严淑梅，周铁，黄建华，等. 馆藏唐代壁画画面霉斑清洗剂的筛选实验研究［J］. 文物保护与考古科学，2010，22（2）：53-59.

[107] 梁文彬. 日立7180生化分析仪反应杯清洗剂新配方的研制与应用［J］. 医学检验与临床，2015（2）：62-63.

[108] 刘旭峰，郭俊旺. 编码正交设计在优化聚酯瓶清洗工艺中的应用［J］. 日用化学工业，2014，44（4）：204-207.

[109] 王珊珊，许汝，谷舞，等. 生物酶洗涤剂综述［J］. 安徽农业科学，2015（30）：386-387.